Markus Peters

Experimentelle Untersuchungen zur Fluiddynamik und Wärmeübertragung an Rieselfilmen unter dem Einfluss eines elektrischen Feldes

GRIN Verlag

Bibliografische Information der Deutschen Nationalbibliothek:

Die Deutsche Bibliothek verzeichnet diese Publikation in der Deutschen Nationalbibliografie; detaillierte bibliografische Daten sind im Internet über http://dnb.d-nb.de/ abrufbar.

Impressum:

Druck und Bindung: Books on Demand GmbH, Norderstedt Germany
ISBN: 978-3-656-30394-7

Dieses Buch bei GRIN:

http://www.grin.com/de/e-book/203719/experimentelle-untersuchungen-zur-fluiddynamik-und-waermeuebertragung-an

Lehrstuhl für Wärme- und Stoffübertragung
Rheinisch-Westfälische Technische Hochschule Aachen

Studienarbeit

Experimentelle Untersuchungen zur Fluiddynamik und Wärmeübertragung an Rieselfilmen unter dem Einfluss eines elektrischen Feldes

Bearbeitung:
Markus Peters

Aachen, den 22.11.2010

Inhaltsverzeichnis

Abbildungsverzeichnis III

Symbolverzeichnis IV

1. Einleitung 1

2. Theorie 4

3. Anlage und Versuchsaufbau 6
   3.1. Komponenten der Anlage . . . 6
   3.2. Wärmeübergang an den Rieselfilm . . . 8
   3.3. Anregung von Wellen . . . 8
   3.4. Chromatic Confocal Imaging . . . 9
   3.5. Durchflussmessung und Kalibrierung . . . 11
   3.6. Erzeugung eines elektrischen Feldes . . . 12
   3.7. Datenerfassung und -verarbeitung . . . 13

4. Messungen und Ergebnisse 25
   4.1. Bestimmung der Dichte des Arbeitsmediums . . . 25
   4.2. Bestimmung der Viskosität des Arbeitsmediums . . . 27
   4.3. Messung der Filmdicke ohne Beheizung . . . 29
   4.4. Messung der Filmdicke mit Beheizung . . . 32

5. Zusammenfassung und Ausblick 34

A. Kräfte durch das elektrische Feld 35

Literaturverzeichnis VII

Abbildungsverzeichnis

3.1. Skizze der Anlage . . . 7
3.2. CCI a) Messprinzip b) Strahlengang durch den Rieselfilm c) Strahlengang durch eine Glasplatte . . . 9
3.3. Prinzipskizze des Datenerfassungssystems . . . 13
3.4. Frontpanel des Hauptprogramms . . . 16
3.5. Hierarchie des Hauptprogramms . . . 18
3.6. Ermittlung der Nullstelle . . . 18
3.7. Einstellung des CHR-Gerätes . . . 19
3.8. Messung im Hauptprogramm . . . 20
3.9. Das Instrument CHR 450 4 . . . 21
3.10. Erfassung von Messwerten über die SCXI-Karte . . . 22
3.11. Datenerfassung mit dem DAQ-Instrument . . . 23

4.1. Prinzip der Dichtebestimmung . . . 25
4.2. Tensiometer K100 von Krüss . . . 26
4.3. Prinzip der Viskositätsmessung . . . 27
4.4. Foto des sich ausbildenden dreidimensionalen Wellenprofils . . . 29
4.5. Vergleich von Filmdickenprofilen bei 0V und 3 kV . . . 30
4.6. Vergleich von Filmdickenprofilen bei 0V und 5 kV - horizontale Position 1 30
4.7. Vergleich von Filmdickenprofilen bei 0V und 5 kV - horizontale Position 2 31
4.8. Vergleich von Filmdickenprofilen bei 0V und 5 kV - horizontale Position 3 31
4.9. Vergleich eines beheizten mit einem nicht beheizten Wellenprofil . . . 32
4.10. Vergleich von beheizten Filmdickenprofilen bei 0V und 5 kV . . . 33

A.1. Elektrisches Feld zweier Punktladungen . . . 36
A.2. lokale und Materielle Änderungen der Größen ρ_c und ε_r . . . 40
A.3. Änderung des Volumens bei Verschiebung . . . 41

Symbolverzeichnis

griechische Symbole

α	Wärmeübergangskoeffizient
Δy	Verschiebung
ρ	Dichte
ε	Dielektrizitätszahl
ε_0	Dielektrizitätszahl im Vakuum
ε_r	relative Dielektrizitätszahl
η	Wirkungsgrad
δ	Schicht- bzw. Filmdicke
λ	Wellenlänge
ϕ	elektrisches Potential
ρ_c	elektrische Ladungsdichte
ρ_D	Dichte des Dielektrikums
ρ_M	Dichte des Mediums
σ_c	Oberflächenladungsdichte

lateinische Symbole

$\vec{a}$	beliebige vektorielle Größe
A	Fläche

Symbolverzeichnis

Ar	Arbeit
B	Breite der Kupferplatte
C	Konstante
c_1, c_2	konstante Parameter
c_p	Wärmekapazität
$\vec{D}$	elektrischer Fluss
$\vec{E}$	elektrische Feldstärke
$\vec{f}$	Volumenkraft durch elektrisches Feld
F	Kraft
f	Frequenz
$\vec{g}$	Erdbeschleunigung
H	Höhe der Kupferplatte
h	Höhe
I	Strom
m	Masse
$\vec{n}$	Normalenvektor
n	Brechungsindex
p	Druck
P_{el}	elektrische Leistung
$\dot{Q}$	Wärmestrom
$\dot{q}''$	Flächenbezogene Wärmestromdichte
q	Ladung
$\vec{r}$	Verschiebung

R	Abstand zweier Punktladungen
Re	Reynoldszahl
T	Temperatur
t	Zeit
$\vec{u}$	Geschwindigkeit
U	elektrische Spannung
$\dot{V}$	Volumenstrom
V	Volumen
W	Energie
x	Koordinate in Fließrichtung des Rieselfilms
y	Distanz oder Koordinate quer zur Fließrichtung des Rieselfilms

Kapitel 1.

Einleitung

In vielen technischen Anwendungen kommen Rieselfilme zum Einsatz. Dies sind dünne Flüssigkeitsfilme, die an einer Wand entlang strömen. Derartige Filme können entweder über die Wand oder die Gasphase beheizt werden. Unterschieden wird zwischen Filmverdunstung, bei der der Film von der Gasphase beheizt und verdunstet wird, und Filmverdampfung, bei der der Film von der Wand beheizt und verdampft wird. Rieselfilme kommen in der Industrie im Wesentlichen in der Verfahrenstechnik (z.B. Fallfilmverdampfer) und Energietechnik (z.B. bei Meereswärmekraftwerken, siehe [Darabi u. a., 2000]) zum Einsatz. Im Fokus der Forschung steht heute die Hydrodynamik und die Intensivierung der Wärmeübertragung an den Rieselfilm.

Grundsätzlich werden zur Zeit drei Möglichkeiten verfolgt, die Wärmeübertragung von der Wand zum Film zu verbessern. Eine Methode ist die Realisierung sehr dünner Filme. Ein Nachteil dieses Verfahrens ist jedoch, dass dünne Filme zur Instabilität neigen. Dies bedeutet, dass der Film lokal aufreißen kann und die Wand an dieser Stelle in direktem Kontakt zur Gasphase steht. Dies führt zu einem Anstieg der Oberflächentemperatur der Heizfläche und kann zu deren Zerstörung führen.

Eine andere Methode ist die Strukturierung der Wandoberfläche. In [Helbig, 2007] wurde herausgefunden, dass ein Film, welcher über eine strukturierte Oberfläche strömt, im Vergleich zu einer unstrukturierten Oberfläche einen größeren residualen Bereich aufweist (siehe Kapitel 4). Dies führte zu einer Intensivierung der Wärmeübertragung um bis zu 40 %.

Des weiteren kann auch ein elektrisches Feld die Wärmeübertragung in Rieselfilmen verbessern. Befindet sich ein dünner Film unter dem Einfluss eines solchen Feldes, so wird die Fluiddynamik dadurch beeinflusst. Insbesondere verändert sich die lokale Filmdicke. Diese Änderung ist durch eine elektrische Volumenkraft und einen zusätzlichen Druck auf die Filmoberfläche begründet. Die Forschungsergebnisse von [Darabi u. a., 2000] zeigen, dass diese physikalischen Effekte die Wärmeübertragung insgesamt verbessern. Begründet wird dies dadurch, dass sich die Filmdicke lokal verringert haben soll.

Ein Nutzen einer solchen Technologie wäre die Möglichkeit kompaktere Wärmeübertrager bauen zu können. Eine wichtige Kenngröße bei der Bewertung der Effizienz des Prozesses ist das Verhältnis aus zusätzlich übertragener Wärme und eingesetzter elektrischer Leistung:

$$\eta = \frac{\dot{Q}_{mit\ el.\ Feld} - \dot{Q}_{ohne\ el.\ Feld}}{P_{el}} \tag{1.1}$$

Der Einfluss eines elektrischen Feldes auf die Wärmeübertragung von Rieselfilmen wurde bereits von [Darabi u. a., 2000] experimentell untersucht. Hier wurde herausgefunden, dass bis zu fünf mal so viel Wärme übertragen werden konnte wie im Fall ohne elektrisches Feld, während das Verhältnis aus notwendiger elektrischer Energie für die Aufrechterhaltung des Feldes und der an das Fluid übertragenen Wärme geringer als 0,12 % war.

In [Tsvelodub und Samantov, 2010] wurde die Stabilität des Films unter dem Einfluss des elektrischen Feldes theoretisch untersucht. Das Ergebnis dieser Forschungsarbeit ist, dass der wesentliche Effekt des Feldes auf den Film ein zusätzlicher Druck auf die Filmoberfläche ist.

In [Gagarin, 1985] wurde die Filmdicke mit einer Glasnadel gemessen, die die Oberfläche des Films berührte. Die elektrische Spannung von bis zu 10 kV wurde hier zwischen einer Metallplatte und einem Drahtgitter angelegt. Das Resultat der experimentellen Untersuchung war, dass die durchschnittliche Filmdicke mit steigender angelegter Spannung ebenfalls steigt. Daraus wurde geschlussfolgert, dass somit der Wärmeübertragungskoeffizient mit steigender elektrischer Spannung sinken müsste. Diese Ergebnisse decken sich nicht mit den Erkenntnissen von [Darabi u. a., 2000].

Um den Einfluss elektrischer Felder auf die Hydrodynamik zu untersuchen, sind Informationen über die lokale Filmdicke und deren zeitliche Änderung notwendig. Dazu wird vermehrt die Methode der chromatischen konfokalen Abstandsmessung (CCI) eingesetzt. Diese Methode nutzt die Dispersion des Lichtes um Abstände mit hoher Genauigkeit zu messen. Die Technik wurde bereits von [Lel u. a., 2005] und [Zhou u. a., 2009] zur Bestimmung der Filmdicke eingesetzt. In beiden Fällen wurde diese von der Vorderseite aus gemessen, während sie in [Dietze u. a., 2009] von der Rückseite aus gemessen wurde.

Am Lehrstuhl für Wärme- und Stoffübertragung (WSA) der RWTH Aachen soll nun die Filmdicke unter dem Einfluss eines elektrischen Feldes mit Hilfe dieser Technik untersucht werden. Da die CCI Methode eine optische Technik ist, braucht die Teststrecke auch einen optischen Zugang. Eine der beiden Kondensatorplatten, zwischen denen das elektrische Feld erzeugt werden soll, muss daher aus Glas angefertigt werden. Die Glasplatte wird zusätzlich mit ITO (Indium-Tin-Oxide) beschichtet. Diese Beschichtung ist sowohl transparent im sichtbaren Bereich als auch elektrisch leitfähig. Sie wurde bereits in früheren Experimenten zur Wärmeübertragung eingesetzt. In [Schilder u. a., 2010] wurde beispielsweise eine elektrische Beheizung mit Hilfe dieser Beschichtung realisiert, die gleichzeitig den optischen Zugang zur Teststrecke gewährleistete. Da ITO auch in einem Teil des infraroten Wellenlängen-Bereiches transparent ist, wurde in [Bang u. a., 2008] ein ITO-Heizelement konstruiert, durch das mit einer Infrarot-Kamera Temperaturmessungen durchgeführt werden konnten.

Ziel dieser Arbeit ist die Erweiterung einer bestehenden Anlage, so dass der Rieselfilm einem elektrischen Feld ausgesetzt und die Filmdicke mit Hilfe der CCI-Technik im Experiment bestimmt werden kann. Die Anlage soll in Betrieb genommen werden und erste Messergebnisse liefern können.

Kapitel 2.

Theorie

Mathematisch wird die Strömung eines Rieselfilms allgemein durch die Navier-Stokes Gleichungen beschrieben. Bei Vereinfachung dieser Gleichungen für ein inkompressibles Fluid ergibt sich:

Massenerhaltung

$$div(\vec{u}) = 0 \tag{2.1}$$

Impulserhaltung:

$$\frac{\partial \vec{u}}{\partial t} + (\nabla \vec{u})\vec{u} = -\frac{\nabla p}{\rho} + \nabla(\nu[\nabla \vec{u} + (\nabla \vec{u})^T]) + \vec{g} + \frac{\vec{f}}{\rho} \tag{2.2}$$

Energieerhaltung

$$\frac{\partial}{\partial t}(\rho c_p T) + \frac{\partial}{\partial x_j}(\rho c_p u_j T) = \frac{\partial}{\partial x_j}(\alpha \frac{\partial T}{\partial x_j}) \tag{2.3}$$

Der Einfluss des elektrischen Feldes auf den Film wird durch die Volumenkraft $\vec{f}$ in Gleichung (2.2) beschrieben. Für diese wurde in der Literatur (siehe [Panofsky und Phillips, 1962], [Tamm, 1989]) folgender Ausdruck hergeleitet:

$$\vec{f} = \rho_c \vec{E} + \frac{1}{2} grad(\varepsilon_0 \frac{\partial \varepsilon_r}{\partial \rho_D} \rho_D E^2) - \frac{1}{2} \varepsilon_0 E^2 grad(\varepsilon_r) \tag{2.4}$$

Die Größe ρ_c ist hier die elektrische Ladungsdichte. Der erste Term auf der rechten Seite beschreibt die Kraft, die durch die im Fluid befindlichen freien Ladungsträger bewirkt wird. In einphasigen Strömungen ist dies der dominierende Kraftanteil. Der zweite Term wird durch die lokale Änderung der relativen Dielektrzitätskonstante ε_r hervorgerufen. Da die Dielektrizitätszahl eine Funktion der Dichte ist, weist diese an der Grenzschicht zwischen Flüssigkeit und Luft einen Sprung auf. Der dritte Term auf der rechten Seite beschreibt einen Kraftanteil, der durch eine Inhomogenität des elektrischen Feldes hervorgerufen wird. Diese Volumenkräfte werden im Anhang noch einmal ausführlich hergeleitet.

Im betrachteten Fall befindet sich der Rieselfilm im elektrischen Feld eines Plattenkondensators. Die Spannung an der Kondensatorplatte wird während des Experimentes näherungsweise konstant gehalten. Da sich außerdem sowohl Flüssigkeit als auch Luft zwischen den Kondensatorplatten befindet, kann die Strömung als zweiphasig angesehen werden. Um das Verhalten des elektrischen Feldes an der Phasengrenze zu beschreiben, wird der elektrische Fluss $\vec{D}$ durch die Grenzschicht zwischen Gas und Flüssigkeit betrachtet. Dieser ist nach [Meyer-Ebrecht, 2005] definiert als:

$$\vec{D} = \frac{\delta Q}{\delta A} = \frac{1}{\varepsilon_0 \varepsilon_r} \vec{E} \tag{2.5}$$

Er kann als Ladungsdichte pro Flächeneinheit interpretiert werden. Wird der elektrische Fluss für die Phasengrenze einmal von der flüssigen und einmal von der gasförmigen Phase formuliert, so ergibt sich:

$$\vec{n} \cdot \vec{D}_{flüssig} = \frac{1}{\varepsilon_0 \varepsilon_{r,\ flüssig}} \vec{n} \cdot \vec{E}_{flüssig} = \frac{1}{\varepsilon_0 \varepsilon_{r,\ gasförmig}} \vec{n} \cdot \vec{E}_{gasförmig} = \vec{n} \cdot \vec{D}_{gasförmig} \tag{2.6}$$

Hierbei steht der Normalenvektor $\vec{n}$ normal auf der Grenzfläche zwischen Gas und Flüssigkeit. Die Änderung der Dielektrizitätszahl an der Phasengrenze führt also auch zu einer Änderung der Feldstärke. Das Feld kann somit nicht als homogen betrachtet werden. Nach [Darabi u. a., 2000] dominieren für den Fall einer zweiphasigen Strömung die Kraftanteile, die durch den zweiten und dritten Term von Gleichung (2.4) beschrieben werden. Die Gradienten in beiden Termen werden an der Phasengrenze besonders groß. Dies wird durch die Erkenntnisse von [Tsvelodub und Samantov, 2010] gestützt, die den Effekt des elektrischen Feldes auf einen zusätzlichen Druck auf die Filmoberfläche reduzieren.

Kapitel 3.

Anlage und Versuchsaufbau

3.1. Komponenten der Anlage

Der Aufbau der Anlage ist in Abbildung 3.1 skizziert. Als Arbeitsmedium wurde das Silikonöl T11 verwendet. Das Medium fließt aus dem oberen Reservoir durch den Einlass auf die Teststrecke. Diese hat eine Breite von 150 mm und besteht aus Polyvinylchlorid mit einer 140 mm hohen und 130 mm breiten beheizbaren Kupferplatte. Die Kupferplatte befindet sich 330 mm unterhalb des Einlasses. In diesem Bereich kann die Rieselfilmströmung bereits als hydrodynamisch ausgebildet betrachtet werden. Die Beheizung wird durch zur Strömungsrichtung vertikal angeordnete Heizpatronen unterhalb der Kupferplatte realisiert. Der abgegebene Wärmestrom kann durch die angelegte Spannung und den gemessenen Strom bestimmt werden. Die Temperatur T_{Cu} der Kupferplatte wird an verschiedenen vertikalen Positionen in einer Tiefe von jeweils 6 bzw. 10 mm in der Kupferplatte mit Hilfe von Thermoelementen des Typs T gemessen (siehe Abbildung 3.1 b). Die Temperatur des Mediums wird mit Hilfe eines Thermoelementes, welches oberhalb der Kupferplatte angeordnet ist, bestimmt.

Die Filmdicke wird mit Hilfe der „chromatical confocal imaging“ Methode gemessen. Der erforderliche Sensor ist vor der Kupferplatte angeordnet, wobei die Sensorachse normal auf der Platte steht (siehe Abbildung 3.1.c). Die Position des Sensors in der Ebene parallel zur Kupferplatte kann durch zwei Lineartische eingestellt werden. Diese werden über einen Rechner angesteuert. Der Abstand des Sensors zur Kupferplatte kann durch einen manuell betriebenen Lineartisch mit Hilfe einer Mikrometerschraube eingestellt werden.

Nach dem Durchlaufen der Teststrecke wird das Arbeitsmedium im unteren Reservoir aufgefangen. Um die Temperatur des Arbeitsmediums konstant zu halten, befindet sich in diesem Reservoir ein Wärmetauscher, welcher mit Kühlwasser betrieben wird, das mit Hilfe einer Pumpe im Kühlkreislauf zirkuliert. Das Kühlwasser wird mit Hilfe eines Kühlers auf die gewünschte Temperatur eingestellt. Das Medium wird anschließend mit Hilfe einer Drehkolbenpumpe aus dem unteren ins obere Reservoir gepumpt. Zwischen

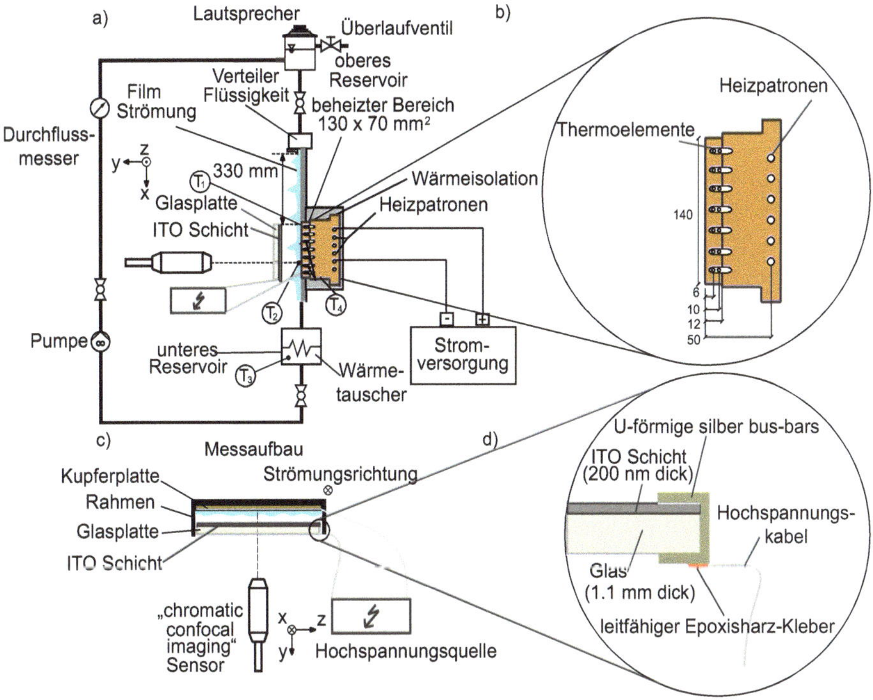

Abbildung 3.1.: Skizze der Anlage

den Reservoirs befindet sich außerdem ein Durchflussmesser. Dieser besitzt zwei Drehspindeln, deren Frequenz dem Volumenstrom des Arbeitsmediums proportional ist und mit Hilfe eines induktiven Messaufnehmers in ein Spannungssignal umgewandelt wird.

Das Medium im oberen Reservoir wird mit Hilfe von Schallwellen im Bereich der Eigenfrequenz der Filmströmung angeregt. Dies ermöglicht gleichmäßige Wellen zu erzeugen und Wellenprofile bei unterschiedlichen Randbedingungen quantitativ zu vergleichen. Die Anregung erfolgt über einen Lautsprecher, der oberhalb des oberen Reservoirs angeordnet ist.

Dieser bestehende Teil der Anlage wurde nun um einige Komponenten erweitert, die für die Erzeugung eines elektrischen Feldes notwendig waren. Zwischen CCI-Sensor und Filmströmung befindet sich eine Glasplatte, die auf der dem Film zugewandten Seite mit ITO (Idium Tin Oxide) beschichtet ist. Dies ist ein elektrisch leitfähiges, transparentes

Material, das in dünnen Schichten (ca. 200 nm) aufgetragen werden kann. Die Glasplatte ist auf einen elektrisch isolierten Rahmen montiert, dessen Abstand zur Kupferplatte mit Hilfe eines Schraube-Feder-Systems eingestellt werden kann. Die Glasplatte fungiert zusammen mit der Oberfläche der Kupferplatte als Plattenkondensator. Dazu wird ein Hochspannungsnetzteil mit dem negativen Pol an die Glasplatte und mit dem positiven Pol an ein mit der Kupferplatte elektrisch verbundenes Teil am Rahmen der Anlage angeschlossen. Der Abstand der Glasplatte zur Kupferplatte kann nun so eingestellt werden, dass beide Oberflächen parallel sind. In diesem Fall ist die Feldstärke an den Stellen gleich groß, an denen die Filmdicke und somit die Dielektrizitätszahl im Spalt zwischen den Kondensatorplatten den gleichen Wert hat.

3.2. Wärmeübergang an den Rieselfilm

Um den Rieselfilm zu beheizen besitzt die Anlage sechs unter der Kupferplatte befindliche Heizpatronen. Diese werden über eine Spannungsquelle mit einem genau einstellbaren Heizstrom versorgt. Die Werte von Strom und Spannung werden als analoge Signale von der Spannungsquelle ausgegeben und können vom Rechner erfasst werden. Bei bekannten Dimensionen der Kupferplatte kann somit die Wärmestromdichte gemäß:

$$\dot{q}'' = \frac{UI}{BH} \tag{3.1}$$

bestimmt werden, wobei U die Spannung an der Heizpatrone, I der Strom durch die Heizpatronen und B und H die Breite und Höhe der Kupferplatte sind. Dies setzt die Annahme voraus, dass annäherungsweise die gesamte elektrische Leistung in Wärme umgewandelt wird.

3.3. Anregung von Wellen

In Abbildung 3.1.a ist zu sehen, dass der Film vor dem Auslass im oberen Reservoir mittels eines Lautsprechers angeregt wird. Die verwendete Anregungsfrequenz muss im Bereich der Eigenfrequenz des Films liegen und hängt somit von den Stoffwerten des verwendeten Mediums ab. Im Experiment wurden für das Silikonöl T11 bei Umgebungstemperatur die besten Ergebnisse mit einer Frequenz von etwa 7 Hz erzielt. In den Experimenten ermöglicht die Anregung regelmäßige, definierte Wellenformen zu erzeugen, die dann später für verschiedene Betriebszustände verglichen werden können. Um die dreidimensionalen Wellenfronten visuell beurteilen zu können, kann zusätzlich ein Stroboskop mit der selben Frequenz angeschlossen und auf die Testaufbau gerichtet werden.

3.4. Chromatic Confocal Imaging

Die Filmdicke wurde mit Hilfe der chromatischen konfokalen Abstandsmassung ermittelt. Dabei wurde das Gerät CHR-450 von der Firma STIL verwendet (siehe [Cohen-Sabban u. a., 2001]). Das Prinzip dieser Messtehnik ist in Abbildung 3.2.a gezeigt.

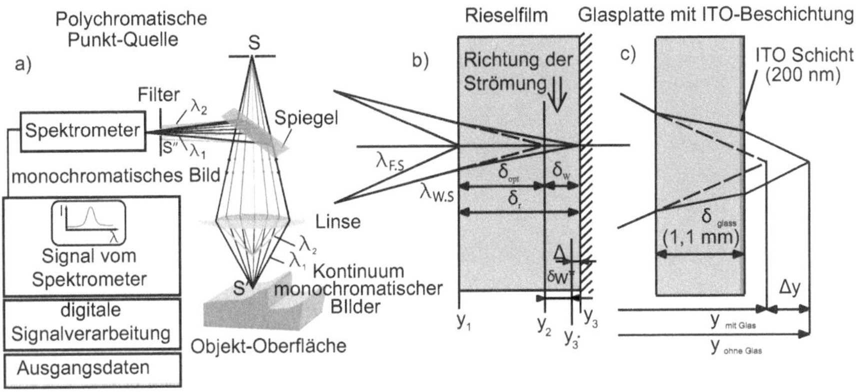

Abbildung 3.2.: CCI a) Messprinzip b) Strahlengang durch den Rieselfilm c) Strahlengang durch eine Glasplatte

Licht einer punktförmigen, polychromatischen Lichtquelle fällt durch einen halb transparenten Spiegel und anschließend durch eine Linse. Dort wird dieses in Folge der Dispersion des Linsenwerkstoffes (wellenlängenabhängige Brechung des Lichtes) in ein Kontinuum von monochromatischen Bildern aufgespalten. Jedes monochromatische Bild hat dabei einen unterschiedlichen Sammelpunkt auf der optischen Achse. Für den verwendeten Sensor beträgt der Abstand der Sammelpunkte der kürzesten und längsten auftretenden Wellenlänge 2,7 mm. Diese Distanz ist gleichzeitig auch der Messbereich des Gerätes. Das Licht wird nun auf der Oberfläche des Objektes reflektiert und durch die Linse wieder fokussiert. Ein Filter selektiert dann das Signal mit der höchsten Intensität heraus, welches wiederum der Wellenlänge entspricht, die an der Oberfläche des Objektes ihren Sammelpunkt hat.

Von [Lel u. a., 2005] wurde mit dieser Technik ein Verfahren zur Messung der Filmdicke entwickelt. Da die Intensität des Signals von der Filmoberfläche wesentlich geringer ist als von der Kupferplatte und oft im Hintergrundrauschen untergeht, wurde zunächst eine Messung ohne Film durchgeführt und die Position y_3 ermittelt. Anschließend wird das Signal mit Filmströmung aufgenommen. Aufgrund der Brechung des Lichtes im Film wird die Position y_2 und nicht die reale Position y_3 gemessen. Bei bekanntem wellenlängenabhängigem Brechungsindex des Fluides n lässt sich daraus gemäß

$$\delta_r = \frac{\delta_w n(\lambda_{W,S})}{n(\lambda_{W,S}) - 1} \tag{3.2}$$

die Filmdicke bestimmen (siehe Abbildung 3.2.b). Dabei gilt:

$$\delta_w = y_3 - y_2 \tag{3.3}$$

und weiter:

$$\delta_r = y_3 - y_1 \tag{3.4}$$

Die Größe $\lambda_{F,S}$ ist dabei die Wellenlänge, die bei Messung der Distanz y_1 maximal reflektiert wird während die Wellenlänge $\lambda_{W,S}$ bei Messung der Distanz y_2 im Film bzw. y_3 in Luft die größte Intensität am Spektrometer aufweist.

Wird die Kupferplatte beheizt, so dehnt sich diese während der Messung in unvorhersehbarer Weise aus. Daher muss die Wandposition während der Messung ermittelt werden. Sie verschiebt sich auf die Position y_{3*}. Diese wird ermittelt indem die Signale vom Spektrometer selektiert werden, bei denen Film und Wand parallel sind (für diesen Fall ist das stärkste Signal das Signal von der Filmoberfläche). Diese Parallelität ist vor allem im residualen Bereich (siehe Kapitel 4 und [Al-Sibai, 2004]) des Films gegeben. Mit Hilfe dieser zwei Signale y_1 und y_2 kann die verschobene Position der Wand ermittelt werden:

$$y_{3*} = (y_2 - y_1)n(\lambda_{W,S}) + y_1 \tag{3.5}$$

Mit der neu bestimmten Wandposition kann nun entsprechend der beschriebenen Prozedur die Filmdicke mit Hilfe des Wandsignals gemessen werden. Dazu wird Gleichung (3.2) mit y_{3*} anstatt y_3 verwendet. Zur Bestimmung des Brechungsindex in Abhängigkeit der Wellenlänge wurde in [Lel, 2007] ein Verfahren entwickelt, bei dem aus der gemessenen Distanz die reflektierte Wellenlänge ermittelt wird und dieser Wellenlänge dann ein (aus Messergebnissen stammender) Brechungsindex zugewiesen wird.

Im vorliegenden Versuchsaufbau wurde die Filmdicke nun erstmals zusätzlich durch eine Glasplatte hindurch gemessen. An der Glasplatte tritt - ähnlich wie am Film - erneut eine wellenlängenabhängige Brechung des eintretenden Lichtstrahls auf (siehe Abbildung 3.2.c). Durch die zweimalige Brechung an den Grenzschichten vor und hinter der Glasscheibe wird eine um den Betrag Δy geringere Distanz $y_{mit\ Glas}$ gemessen, als dies ohne die Glasplatte der Fall gewesen wäre ($y_{ohne\ Glas}$). Analog zu den vorangegangenen Überlegungen lässt sich auch für diesen Fall durch Anwendung der Gesetze der Strahlenoptik ein Ausdruck für die Verschiebung Δy herleiten:

$$\Delta y = \delta_{Glas} \frac{n(\lambda) - 1}{n(\lambda)} \tag{3.6}$$

Der Brechungsindex $n(\lambda)$ wird analog zur Methode von [Lel, 2007] ermittelt. Da die Dicke der ITO-Schicht in einer Größenordnung von weniger als 200 nm liegt, ist sie gegenüber der Dicke der Glasplatte (ca 1,1 mm) zu vernachlässigen. Die notwendigen Werte für den Brechungsindex wurden wie folgt ermittelt. In [Locke u. a., 1986] liegen experimentelle Daten für das verwendete Floatglas vor. Diese decken allerdings nicht den gesamten verwendeten Wellenlängenbereich ab. Daher wurde eine von [Harris, 1999] entwickelte Approximationsformel verwendet um die Daten für den gesamten Wellenlängenbereich zu extrapolieren:

$$n(\lambda)^2 - 1 = \frac{c_1 \lambda^2}{\lambda^2 - c_2} \tag{3.7}$$

Die in der Gleichung angegebenen Parameter wurden mit Hilfe der vorliegenden Messergebnisse zu $c_1 = 1{,}260$ und $c_2 = 0{,}01002$ bestimmt.

3.5. Durchflussmessung und Kalibrierung

Der Volumenstrom durch die Anlage wurde mit Hilfe eines Schraubenspindel Durchflussmessers der Firma Kobold bestimmt. Im Durchflussmesser befinden sich zwei metallische, schraubenförmige Spindeln, deren Drehzahl im Betrieb proportional zum Volumenstrom durch den Durchflussmesser ist. Ein induktiver Messaufnehmer wandelt die Drehfrequenz in einen dazu proportionalen Strom um. Dieser Strom wird durch einen Widerstand geleiten, an dem dann eine Spannung anliegt. Diese kann vom Datenerfassungssystem als analoges Signal gelesen und weiter verarbeitet werden. Der Durchfluss berechnet sich dann nach der Formel:

$$\dot{V} = C(U - U_0) \tag{3.8}$$

Dabei ist U die nach dem Messumformer anliegende Spannung. Der Faktor C und die Spannung U_0 müssen dabei für das spezielle Gerät einmalig mit Hilfe einer Kalibrierung ermittelt werden. Da der Durchflussmesser in der beschriebenen Anlage vor der ersten Messung instand gesetzt werden musste, wurde die Kalibrierung anschließend erneut durchgeführt. Dazu wurde mit der Pumpe ein konstanter Volumenstrom in der Anlage eingestellt. Das austretende Fluid wurde nicht wieder zurück zur Pumpe geleitet, sondern in einem Container aufgefangen, der auf einer hoch präzisen Waage positioniert war. Die Anzeige der Waage konnte kontinuierlich erfasst und auf einem Rechner ausgelesen werden. Gleichzeitig wurde die Spannung U vom Messumformer des Durchflussmessers ausgelesen. Nun wurde solange gewartet bis sich ein stationärer Zustand einstellte. Dies war daran zu erkennen, dass die Spannung U und die Änderung des Containergewichtes nahezu konstant waren. Weiterhin war darauf zu achten, dass keine Luft im System war, da sonst die Dichte des durchströmenden Mediums nicht gleich der der Flüssigkeit gewesen wäre. Mit Hilfe der Messergebnisse im stationären Zustand konnten dann über den Zusammenhang:

$$\dot{V} = \frac{dm}{dt}\frac{1}{\rho_M} = C(U - U_0) \tag{3.9}$$

der Faktor C und die Spannung U_0 ermittelt werden. Die einzige unbekannte Größe in Gleichung (3.9) ist die Dichte ρ_M der Flüssigkeit. Diese wurde für die bei der Kalibrierung vorherrschende Temperatur experimentell bestimmt (siehe dazu Kapitel 4).

3.6. Erzeugung eines elektrischen Feldes

Um das elektrische Feld zu erzeugen wurde zwischen der Kupferplatte und der ITO-Beschichtung auf der Glasplatte eine Spannung von bis zu 6 kV angelegt. Diese wurde mit Hilfe eines Hochspannungsnetzteils erzeugt. Um einen besseren elektrischen Kontakt zu erzeugen wurde zusätzlich auf die ITO-Schicht eine dünne Silberschicht aufgetragen. Der Stromführende Pol wurde dann auf den Silberstreifen geklebt (siehe Abbildung 3.1.d). Der Aufbau des Messsystems kann Abbildung 3.1.c entnommen werden. Der CCI-Sensor misst durch die Glasplatte hindurch das Signal des Films bzw. der Kupferplatte. Die Glasplatte ist auf einen Rahmen montiert der durch ein System mit drei Federn und drei Schrauben die Einstellung eines definierten Abstandes zwischen Kupferplatte und Glasplatte ermöglicht. Der Punkt, an dem das Kabel auf den Silberstreifen geklebt wurde befindet sich auf der unbeschichteten Seite der Glasplatte (siehe Abbildung 3.1.d), damit das Kabel nicht in den dünnen Spalt des elektrischen Feldes gerät. Der andere Pol des Hochspannungsnetzteils wird an ein Teil am Rahmen befestigt, dass mit der Kupferplatte verbunden und geerdet ist. Das Hochspannungsnetzteil ist in der Lage Spannungen bis 20 kV bei einer maximalen Leistung von 20 W auszugeben. Da im vorliegenden Versuchsaufbau nur ein Kriechstrom fließt, ist diese geringe Leistung ausreichend. Das Netzteil kann durch eine analoge Spannung angesteuert werden. Diese Spannung kann wiederum von einem Rechner ausgegeben werden (siehe folgendes Kapitel). Außerdem gibt das Netzteil zwei Spannungen aus, die der am Netzteil anliegenden Hochspannung und dem fließenden Strom proportional sind. Diese Signale können ebenfalls von einem Rechner ausgelesen werden.

3.7. Datenerfassung und -verarbeitung

Die Erfassung und Verarbeitung der im Experiment erzeugten Daten wurde mit Hard- und Softwarekomponenten der Firma National Instruments (NI) realisiert. Die Verschaltung der einzelnen Komponenten ist in Abbildung 3.3 skizziert. Die meisten Eingangs-

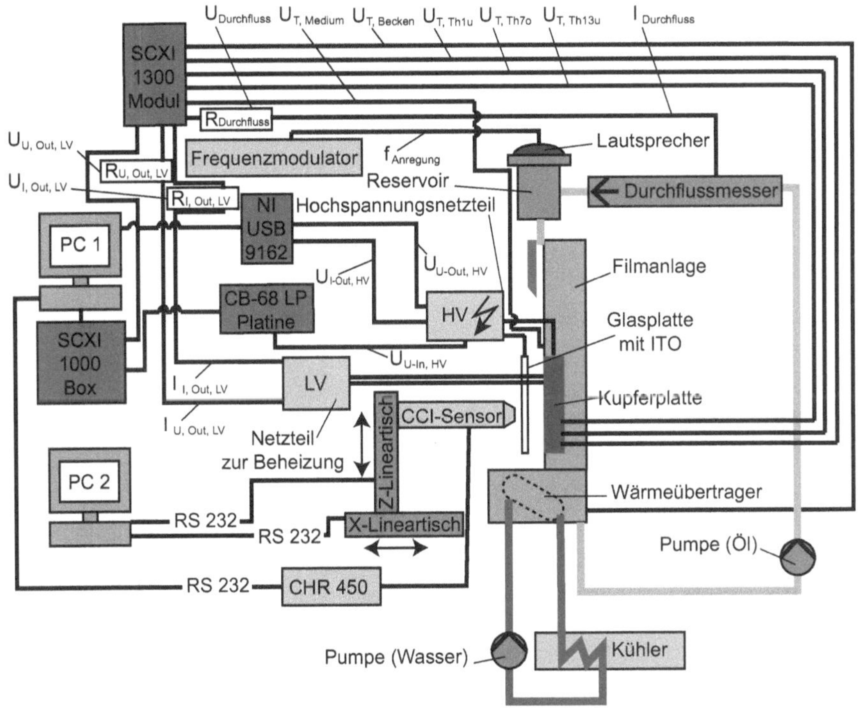

Abbildung 3.3.: Prinzipskizze des Datenerfassungssystems

signale lagen - wie oben beschrieben - in Form von Spannungen vor, die von Datenerfassungsinstrumenten abgegriffen werden konnten. Temperaturen wurden ausschließlich mit Hilfe von Thermoelementen erfasst, die die am Element anliegende Temperaturdifferenz in eine Spannung umwandeln. Die Thermoelemente für die Temperatur des Mediums unmittelbar vor der Kupferplatte T_{Medium} und im Becken T_{Becken}, sowie die Temperaturen der Kupferplatte T_{Th1u} , T_{Th7u} und T_{Th13u} sind an ein SCXI-1300 Modul von NI angeschlossen. Dies Modul besitzt mehrere Anschlüsse, an die jeweils eine

Spannung angelegt werden kann. Das SCXI-Modul wird wiederum an eine SCXI 1000 Box angeschlossen. Diese Art der Verschaltung ermöglicht z.B. das Anschließen mehrerer Module an die selbe Box. Die SCXI-Box wird wiederum mit dem PC 1 verbunden. Voraussetzung dafür ist, dass eine SCXI-Karte im PC eingebaut ist, damit dieser die Signale der Box lesen kann. Innerhalb des Thermoelementes findet bereits eine Umwandlung der Temperatur in eine Spannung im Millivolt-Bereich statt. Die Spannungen ($U_{T,Medium}$, $U_{T,Becken}$, $U_{T,Th1u}$, $U_{T,Th7o}$ und $U_{T,Th13u}$) liegen am SCXI-Modul an.

Die Frequenz des Durchflussmessers wird mit Hilfe des Messumformers in einen Strom $I_{Durchfluss}$ umgewandelt. Dieser Strom wird durch einen Widerstand geleitet, über dem die Spannung $U_{Durchfluss}$ abgegriffen und mit dem SCXI-Modul verbunden werden kann. Die Ausgänge und der Eingang des Hochspannungsnetzteils sind ebenfalls für elektrische Spannungen konzipiert. Die Ausgabe der Spannung, die zwischen ITO-Schicht und Kupferplatte anliegen soll wird, durch die Steuerspannung $U_{U-In,HV}$ eingestellt.

Da für die Ausgabe einer Spannung ein analoger Ausgang benötigt wird, den das SCXI-1300 Modul nicht aufweist, wurde die Steuerspannung an eine CB-68 LP Platine von NI angeschlossen. Diese Platine besitzt den Anschluss für einen analogen Ausgang und wird ebenfalls mit der SCXI-Box verbunden. Die tatsächlich am Hochspannungsnetzteil anliegende Spannung und der Strom, der zwischen ITO-Beschichtung und Kupferplatte fließt, werden vom Hochspannungsnetzteil in Form von Ausgangsspannungen $U_{U-Out,HV}$ und $U_{I-Out,HV}$ ausgegeben. Da das SCXI-Modul nur Messwerte im Bereich von 0-10 V lesen kann, die Spannung $U_{U-Out,HV}$ aber auch höhere Werte annimmt, werden die Ausgangsspannungen $U_{U-Out,HV}$ und $U_{I-Out,HV}$ von einem NI-USB 9162 Modul erfasst. Dieses wird über USB direkt an den PC1 angeschlossen und kann auch Spannungen über 20 V auslesen.

An den Ausgängen des Netzteils für die Beheizung liegen die Ströme $I_{U-Out,LV}$ und $I_{I-Out,LV}$ an, die der am Heizkreislauf anliegenden Spannung und dem Strom durch die Heizpatronen proportional sind. Mit Hilfe von zwei Widerständen werden diese Ströme ebenfalls in Spannungen umgewandelt, die an das SCXI-Modul angeschlossen werden können. Tabelle 3.1 gibt an, in welchem Bereich die Ausgangsströme für das Netzgerät und den Durchflussmesser liegen und wie diese in Ausgangsspannungen umgerechnet werden können:

Ausgangsstrom	Wertebereich	Widerstand	Ausgangsspannung	Wertebereich
$I_{Durchfluss}$	0 - 20 mA	464 Ω	$U_{Durchfluss}$	1,8686 - 9,28 V
$I_{U-Out,LV}$	0 - 20 mA	274 Ω	$U_{U-Out,LV}$	1,096 - 5,048 V
$I_{I-Out,LV}$	0 - 20 mA	274 Ω	$U_{I-Out,LV}$	1,096 - 5,048 V

Tabelle 3.1.: Umrechnung der Ausgangsströme in Ausgangsspannungen

Die analogen Spannungen am SCXI- und USB-Modul werden von den jeweiligen Modulen in digitale Signale umgewandelt. Tabelle 3.2 gibt an, wie aus den Messwerten für die anliegenden Spannungen die dazu proportionale reale Messgröße ermittelt werden kann:

erfasster Messwert	Wertebereich	reale Größe	Wertebereich
$U_{Durchfluss}$	1,8686 - 9,28 V	Volumenstrom	0 - 10,11 $\frac{l}{min}$
$U_{U-In,HV}$	0 - 5 V	HV-Soll-Spannung	0 - 20 kV
$U_{U-Out,HV}$	0 - 20 V	HV-Ist-Spannung	0 - 20 kV
$U_{I-Out,HV}$	0 - 4,8 V	HV-Ist-Strom	0 - 0,864 mA
$U_{U-Out,LV}$	1,096 - 5,048 V	LV-Ist-Spannung	0 - 250 V
$U_{I-Out,LV}$	1,096 - 5,048 V	LV-Ist-Strom	0 - 20 A

Tabelle 3.2.: Umrechnung der erfassten Messwerte in reale Größen

Die Spannungen an den Thermoelementen sind hier nicht aufgeführt, da das Datenverarbeitungsprogramm diese bei Kenntnis des Thermoelementen-Typs automatisch in die dazugehörige Temperaturdifferenz umwandeln kann. Um aus der Temperaturdifferenz zwischen den beiden Kontaktstellen des Thermoelementes die absolute zu messende Temperatur zu bestimmen wird jedoch die an der SCXI-Karte anliegende Temperatur benötigt. Die Software Labview bietet dazu drei Möglichkeiten an, die im sogenannten DAQ-Assistenten (siehe weiter unten) ausgewählt werden können. Ist die Temperatur bekannt, so kann die einfachste Möglichkeit „Constant" gewählt und die Temperatur direkt angegeben werden. Bei der zweiten Möglichkeit „Channel" muss ein weiterer analoger Eingang ausgewählt werden, der als Information die absolute Temperatur übermitteln muss. Die dritte Möglichkeit „Built in" kann verwendet werden, wenn das Datenerfassungsinstrument einen eigenen Temperatursensor besitzt. In diesem Fall wird die von diesem Sensor ermittelte Temperatur als Referenz benutzt. Da die SCXI-Karte einen solchen Temperatursensor besitzt, wurde diese Option gewählt, da sie eine genaue Messung auch bei sich ändernder Raumtemperatur ermöglicht.

Die Ansteuerung des CHR-Gerätes funktioniert über Datenpakete, die über die RS232-Schnittstelle des Computers an das Gerät und in umgekehrter Richtung gesendet werden können. Aufbau und Inhalt dieser Datenpakete sind in der Bedienungsanleitung des Gerätes definiert. Sowohl die Ansteuerung als auch das Auslesen von Messergebnissen wird durch Senden und Empfangen dieser Datenpakete realisiert.

Die Lineartische, mit denen die Position des CHR-Gerätes in zwei Richtungen exakt eingestellt werden kann, werden von einem zweiten Programm auf einem anderen Rechner gesteuert. Dieses bereits bestehende Programm ermöglicht die Eingabe der Position über die Tastatur. Die Kommunikation erfolgt wie beim CHR-Gerät über die RS-232 Schnittstelle.

Die Verarbeitung der digitalen Signale erfolgt nun mit Hilfe der Software Labview. Diese Software besteht aus sogenannten VIs (Virtual Instruments), die auch ineinander verschachtelt werden und somit andere Sub-VIs benutzen können. Diese VIs sind Programme, die auf graphischer Basis erstellt werden (nicht etwa mit Hilfe eines Programmcodes).

Der sogenannten Frontpanel des Hauptprogramms, das für die Messungen geschrieben wurde, ist in Abbildung 3.4 zu sehen. Im oberen linken Unterpanel kann unter

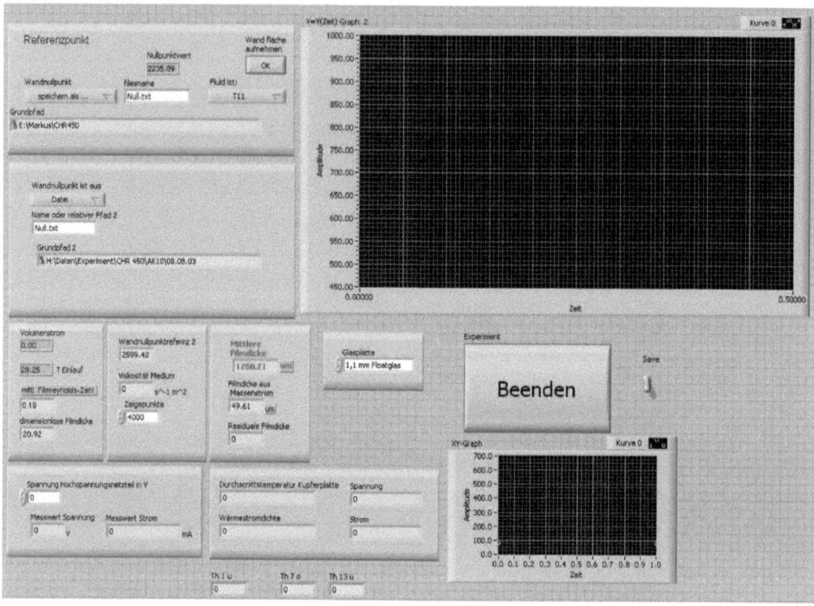

Abbildung 3.4.: Frontpanel des Hauptprogramms

„Fluid ist:“ das verwendete Medium (hier das Silikonöl T11) ausgewählt werden. Etwa in der Mitte des Frontpanels befindet sich eine Auswahlmöglichkeit für die mit ITO-Beschichtete Glasplatte. Bevor eine Messung durchgeführt werden kann, muss, wie bereits erläutert, ein Nullpunkt bestimmt werden. Dies wird bei Programmstart automatisch in kurzen Abständen durchgeführt. Im oberen linken Unterpanel können dazu ein paar Details eingestellt werden. Soll der Nullpunkt (z.B. für spätere Messungen) gespeichert werden, so muss unter „Wandnullpunkt“ die Option „speichern als...“ ausgewählt werden. Unter „filename“ muss nun der gewünschte Dateiname eingegeben werden, damit der später ermittelte Nullpunkt unter diesem Namen im unten angegebenen Grundpfad gespeichert werden kann. Wird der Nullpunkt nicht mehr benötigt, so wird die andere Option „nicht speichern“ gewählt. In dem Kästchen mit der Überschrift „Nullpunktwert“ wird kontinuierlich der Wert für den neuen Nullpunkt angezeigt. Soll der aktuelle Wert übernommen werden, so muss die Schaltfläche „OK“ unter der Beschriftung „Wandfläche aufnehmen“ gedrückt werden.

Die Messung wird nun gestartet. Im zweiten linken Unterpanel von oben kann eingestellt werden, welcher Nullpunkt für das Experiment verwendet werden soll. Wird unter „Nullpunkt ist aus“ die Option „Datei“ ausgewählt, so wird die unter „Name oder relativer Pfad 2“ eingegebene Datei aus dem in „Grundpfad 2“ angegebenen Pfad geladen. Wird hingegen die Option „Referenzpunkt“ ausgewählt, so nutzt das Programm den soeben ermittelten Nullpunkt. In der dritten Reihe von oben sind auf der linken Seite drei kleine Unterpanels zu sehen. Im linken Panel werden Volumenstrom, Einlauftemperatur und Reynoldszahl angezeigt, die nun in jedem Experiment neu ermittelt werden. Im mittleren Panel kann unter „Zeigepunkte“ eingestellt werden, wieviele Messpunkte für die aktuelle Messung aufgenommen werden sollen. Im rechten Unterpanel werden die im Experiment vom CHR-Gerät ermittelte durchschnittliche Filmdicke, die errechnete Filmdicke aus dem Massenstrom sowie die aus den Messergebnissen ermittelte residuale Filmdicke angezeigt. Der große Graph am oberen rechten Bildschirmrand zeigt ein Bild des Filmdickenprofils, das im Experiment aufgenommen wurde. Im unteren Graphen wird die Entwicklung der durchschnittlichen Filmdicke nach jeder Messung über der Zeit aufgezeichnet. Der linke untere Panel erlaubt die Einstellung der Spannung am Hochspannungsnetzteil. Außerdem kann hier die tatsächlich anliegende Spannung und der fließende Kriechstrom abgelesen werden. Der rechte untere Panel zeigt die Durchschnittstemperatur der Kupferplatte sowie Spannung und Strom am Netzteil zur Beheizung der Kupferplatte an. Außerdem wird die Wärmestromdichte aus diesen Werten und der Geometrie der Kupferplatte errechnet und angezeigt. Der Schalter rechts unter dem großen Graphen gibt an, ob die Ergebnisse der aktuellen Messung gespeichert werden sollen oder nicht. Ist der Schalter aktiviert, so wird nach der Messung ein Dialog geöffnet, in dem die Textdatei ausgewählt werden kann, in der Filmdickenprofil, mittlere Filmdicke aus Massenstrom und CHR-Messung, residuale Filmdicke, Reynoldszahl und Wärmestromdichte gespeichert werden sollen. Sollen keine weiteren Messungen mehr gemacht werden, so muss der Button „Beenden“ gedrückt werden.

Wie bereits erwähnt, benutzt das Hauptprogramm Sub-VIs, die dies an geeigneter Stelle aufruft. Die Hierarchie des Hauptprogramms ist in Abbildung 3.5 dargestellt. Das Hauptprogramm „CHR-Messung“ benutzt also die im Diagramm unter ihm angeordneten SUB-VIs, indem dieses sie im Programm aufruft. Der Programmcode wird in Labview in sogenannten Blockdiagrammen dargestellt. Einzelne VIs können mit Hilfe ihrer Eingangs- und Ausgangsgrößen mit anderen VIS und/oder mit Anzeige- oder Eingabeobjekten verbunden werden. Um Befehle in einer bestimmten Reihenfolge auszuführen können Sequenzdiagramme verwendet werden. Die Inhalte der einzelnen Sequenzen oder Frames des Diagramms werden dann wie in einem Film hintereinander verarbeitet. Wie in anderen Programmiersprachen existiert auch hier die Möglichkeit Befehlsketten in

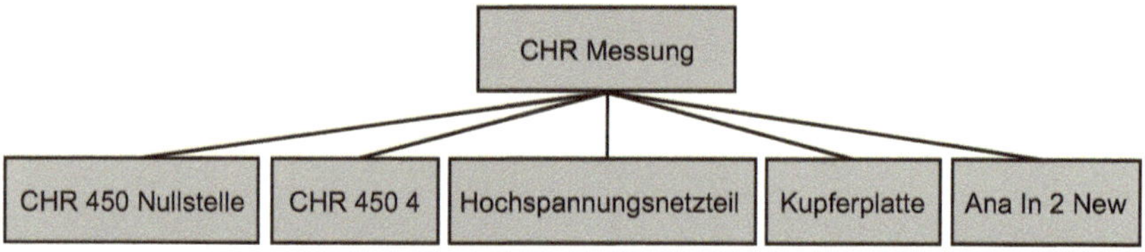

Abbildung 3.5.: Hierarchie des Hauptprogramms

While- oder If-Schleifen zu verschachteln. Differenziertere Fallunterscheidungen können mit Case-Anweisungen realisiert werden.

Die erste Sequenz des Hauptprogramms ist in Abbildung 3.6 dargestellt. Wie oben

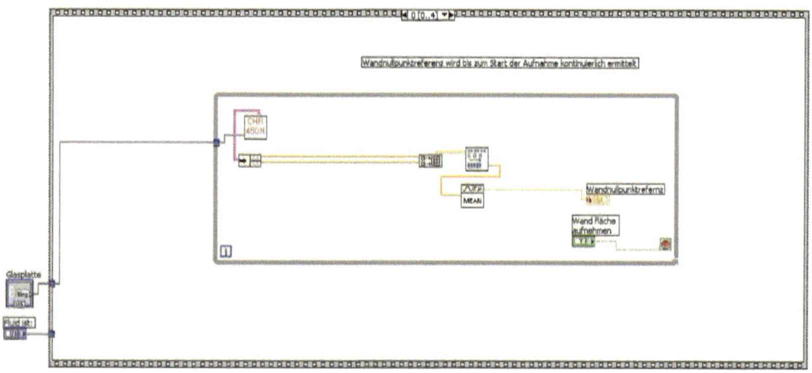

Abbildung 3.6.: Ermittlung der Nullstelle

erläutert wird hier der Nullpunkt immer wieder neu bestimmt, bis der „OK“ Button gedrückt wurde. Dies wird mit Hilfe einer While-Schleife realisiert, innerhalb der die VI „CHR 450 Nullstelle“ aufgerufen wird. Die ermittelten Nullstellen werden dann auf fehlende Messpunkte untersucht, die gegebenenfalls linear interpoliert werden. Als Ergebnis wird mit Hilfe der VI „Mean“ der Mittelwert aus 1000 Messungen ausgegeben. Für die Funktionsweise der Ansteuerung des CHR-Gerätes mit Labview sei auf die Dokumentation für das VI „CHR 450 4“ verwiesen. Das VI für die Bestimmung der Nullstelle unterscheidet sich dadurch von diesem zuletzt genannten VI, dass das CHR-Gerät auf den Zwei-Oberflächen Modus eingestellt werden muss und beide Signale gelesen werden müssen. Die Berechnung des Nullpunktes erfolgt dann gemäß Gleichung (3.5).

In den nächsten Sequenzen des Hauptprogramms werden die ermittelte Nullstelle gespeichert und die Stoffdaten für den Brechungsindex geladen. Die letzte Hauptsequenz enthält die Schleife, die für jede Messung durchlaufen wird. Hier werden weitere Untersequenzen aufgerufen. Die erste Untersequenz ist in Abbildung 3.7 dargestellt. Hier

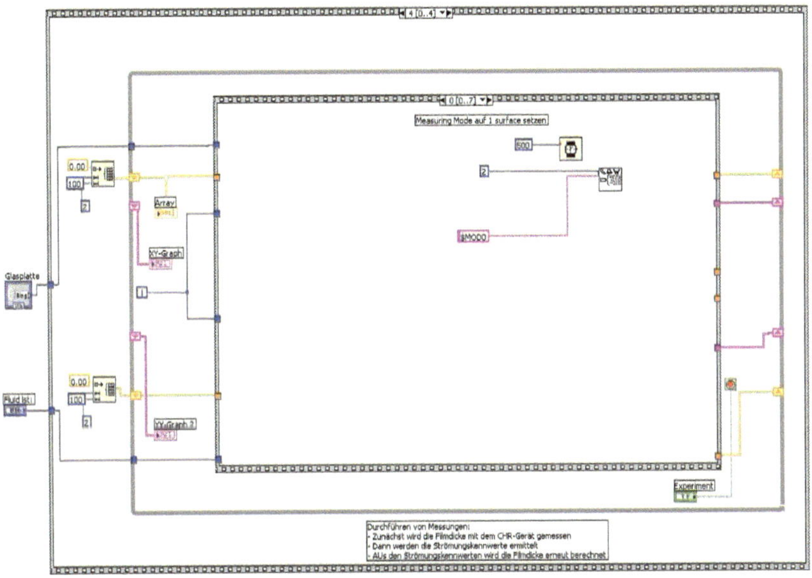

Abbildung 3.7.: Einstellung des CHR-Gerätes

wird das CHR-Gerät auf den Ein-Oberflächen Modus umgestellt. Dazu werden die Parameter „$MOD0“ über die RS-232 Schnittstelle an das CHR-Gerät übergeben. Der COM-Port am PC 1, an dem das CHR-Gerät angeschlossen wurde, wurde über den Eingangsparameter „2“ für die VI, welche die Daten an die Schnittstelle übermittelt, ausgewählt. Im hier nicht dargestellten Fall der Nullstellenbestimmung muss das Gerät im Zwei-Oberflächen Modus betrieben werden. Hierzu sind die Parameter „$MOD1“ übergeben worden.

In der nächsten Untersequenz werden die Daten eingestellt, die vom CHR-Gerät übermittelt werden sollen. Die Sequenz ist identisch mit der vorherigen, nur dass als Parameter „$SOD 1,0,0,0,0,0,0,0“ übergeben wird. In diesem Array steht jede Stelle für eine vom CHR-Gerät erfasste Information. Eine Eins bedeutet, dass die Information übermittelt werden soll. In diesem Fall soll nur der gemessene Abstand übertragen werden, der im Array an Position Eins steht.

In der folgenden Sequenz wird die eigentliche Messung durchgeführt. Sie ist in Abbildung 3.8 zu sehen. Hier wird das VI „CHR 450 4“ aufgerufen, das die Messung mit Hilfe der im

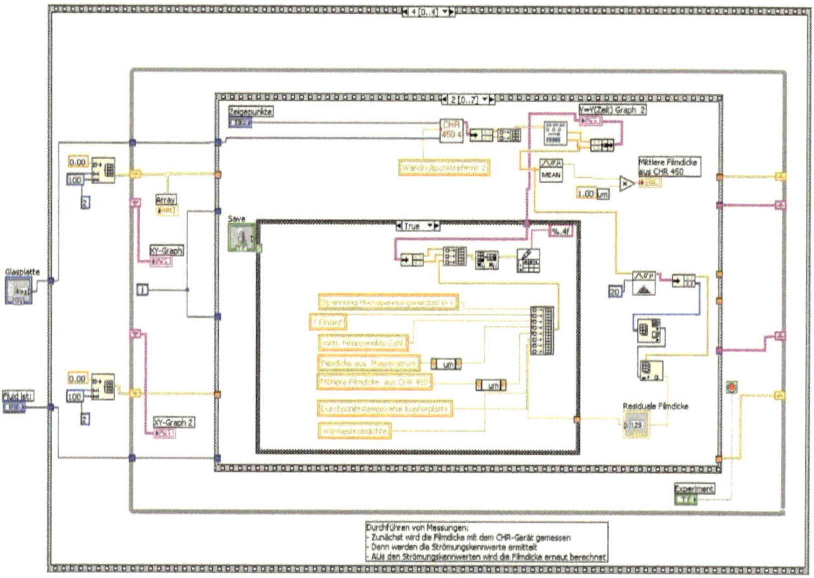

Abbildung 3.8.: Messung im Hauptprogramm

Frontpanel festgelegten Informationen über die Glasplatte, die Anzahl der Messpunkte, das verwendete Fluid und der Nullstelle durchführt. Fehlende Messpunkte werden anschließend wieder linear interpoliert. Als mittlere Filmdicke wird der Durchschnittswert der Messpunkte ausgegeben. Die einzelnen Messwerte werden auf die Häufigkeitsverteilung untersucht, wobei der Filmdickenbereich mit der größten Häufigkeit als residuale Filmdicke bestimmt wird. Die Messdaten werden außerdem an eine If-Schleife übergeben, die, falls die Daten gespeichert werden sollen, einen entsprechenden Array bildet, der die Daten für die aktuelle Messung in einer Textdatei speichert. In dieser steht in der erste Spalte die Zeit, in der zweiten Spalte die aktuelle Filmdicke für jeden Messpunkt und in der letzten Spalte die Spannung am Netzteil, die Fluidtemperatur, die Reynoldszahl, die Filmdicke aus Massenstrom und CHR-Gerät, die Durchschnittstemperatur der Kupferplatte, die Wärmestromdichte und die residuale Filmdicke. Daraufhin wird ein Dialog aufgerufen in dem der Pfad ausgewählt werden kann, in dem die Datei gespeichert werden soll.

Das VI „CHR 450 4" soll im Folgenden genauer betrachtet werden. Die Hauptsequenz des VIs ist in Abbildung 3.9 zu sehen. Diese Sequenz beinhaltet eine Schleife, die ent-

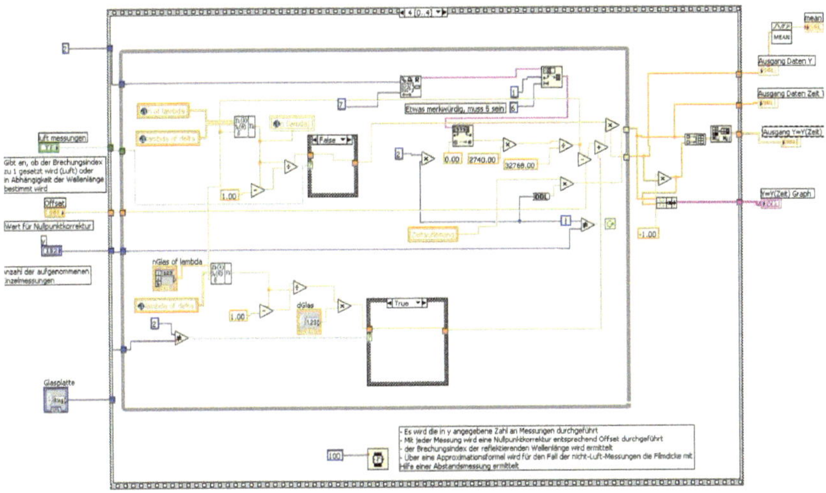

Abbildung 3.9.: Das Instrument CHR 450 4

sprechend der in „y" übergebenen Anzahl der Messpunkte durchlaufen wird. In jedem Durchlauf werden 6 bytes vom COM-Port gelesen (dies entspricht einem Messwert), an dem das CHR-Gerät angeschlossen ist. Dafür wird das selbe VI verwendet, wie in den vorherigen Sequenzen. Die übertragenen Daten werden über eine vom Hersteller des CHR Gerätes angegebene Korrelation in einen Messwert in μm umgerechnet. Dieser Wert entspricht der Größe y_2 in Gleichung (3.2). Im Eingabefeld „Offset" wurde der Wert für die Nullpunktkorrektur übergeben (entspricht y_3 bzw. y_{3*} in Gleichung (3.2)). Diese beiden Werte werden subtrahiert. Für den Fall, dass eine Glasplatte im Übergabeparameter "Glasplatte" ausgewählt wurde, erhält die untere If-Schleife den Wert „true" und addiert die Verschiebung Δy dazu. Dieser Wert wird mit Hilfe des Brechungsindex des Mediums gemäß Gleichung (3.6) gebildet. Dies geschieht links von der If-Schleife mit Hilfe eines VI, das aus der gemessenen Distanz die reflektierte Wellenlänge am CHR-Gerät ermittelt und dieser Wellenlänge gemäß Gleichung (3.7) einen Brechungsindex zuordnet. Da das VI „CHR 450 4" auch verwendet wird um Distanzen in Luft zu messen, kann die Option „Luft Messungen" aktiviert werden. In diesem Fall übermittelt das VI nur die gemessene Distanz an Stelle der Filmdicke. Ist die Option nicht aktiviert, wie in diesem Fall, so erhält die obere If-Schleife den Wert „false". Nun wird die Differenz $y_2 - y_3$ gemäß Gleichung (3.2) noch mit $\frac{n}{n-1}$ multipliziert um die Filmdicke zu erhalten. Der letztgenannte Vorfaktor wird links von der oberen If-Schleife gebildet. Der Brechungsindex für das Medium wird analog zum Brechungsindex für die Glasplatte bestimmt, nur dass ein anderer Zusammenhang zwischen Wellenlänge und Brechungsindex verwendet werden muss. Dieser Zusammenhang wurde zuvor am WSA ermittelt. Die Daten aus jedem Einzeldurchlauf der Schleife werden in einen Array geschrieben („Ausgang Daten Y"). In einem weiteren Array stehen die dazugehörigen Zeitpunkte die den Messpunkten zugeordnet sind. Diese wurden zuvor über die Frequenz am CHR-Gerät ermittelt. Ein weiterer Ausgangswert des VIs ist ein Cluster aus Messwerten und zugehörigen Zeitpunkten. Dieser Cluster wird dann auf dem Frontpanel angezeigt.

In der nächsten Sequenz werden die im Frontpanel angezeigten Werte für die Viskosität, Temperatur und den Volumenstrom des Mediums, sowie die Reynoldszahl ermittelt. Die Sequenz ist in Abbildung 3.10 dargestellt. Der mit dem Index 2 gekennzeichnete Block

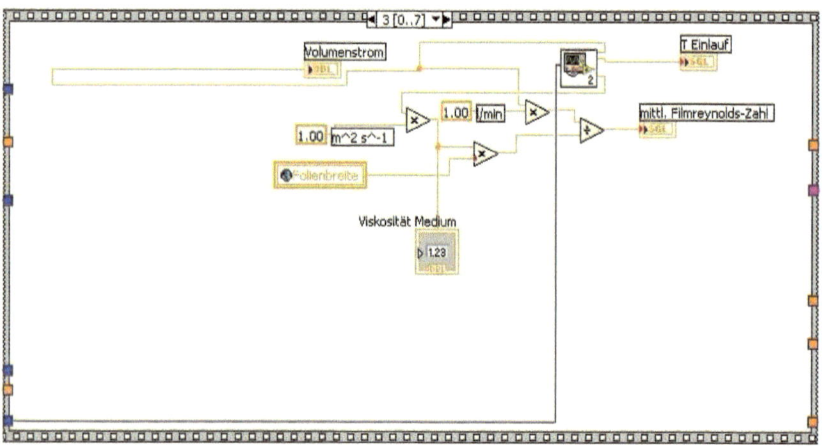

Abbildung 3.10.: Erfassung von Messwerten über die SCXI-Karte

symbolisiert das VI „Ana In 2 new". Die Abkürzung „Ana In" steht dabei für „Analog Input". Dieses VI liest die entsprechenden Werte von der SCXI-Karte aus und rechnet sie in die benötigten Größen um. Die Reynoldszahl wird gemäß der Formel:

$$Re = \frac{\dot{V}}{\nu B} \tag{3.10}$$

aus den ausgelesenen Daten für Volumenstrom, Viskosität und Breite der Kupferplatte ermittelt. Um die Viskosität aus der ermittelten Temperatur zu ermittelt benötigt das VI „Ana In 2 new“ außerdem die Information, welches Fluid verwendet wird.

Das Instrument „Ana In 2 new“ soll genauer betrachtet werden und ist daher in Abbildung 3.11 dargestellt. Hauptelement ist das VI „DAQ-Assistent“. Dies liest beliebig viele

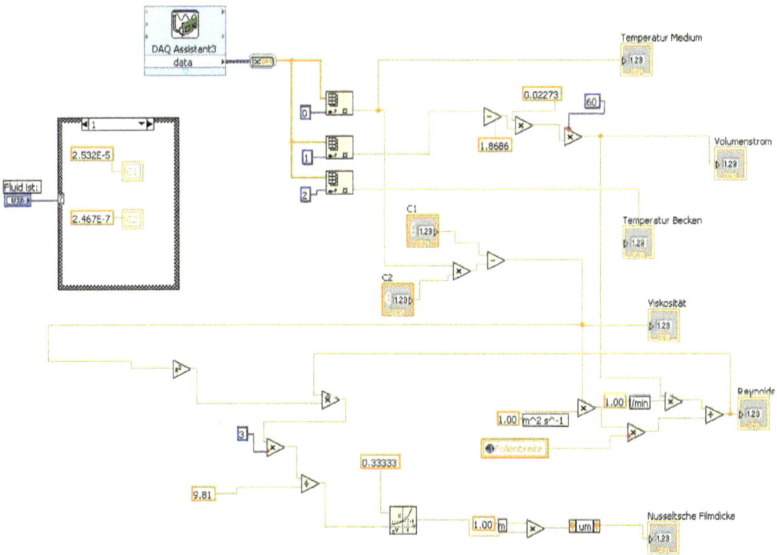

Abbildung 3.11.: Datenerfassung mit dem DAQ-Instrument

Messwerte aus analogen Eingängen aus. Dabei muss lediglich definiert werden, welche Kanäle des entsprechenden Hardware-Moduls (in diesem Fall das SCXI-Modul) ausgelesen werden sollen. Hier liegen auf Kanal 0 die Temperatur des Mediums, auf Kanal 1 der Volumenstrom und auf Kanal 2 die Temperatur im Becken. Da, wie bereits erwähnt, nur Spannungen an die analogen Eingänge übertragen werden, müssen diese im Programm gemäß Tabelle 3.2 in die entsprechenden Messwerte umgewandelt werden. Dies wird für die Temperaturen bereits vom DAQ-Assistenten durchgeführt. Prinzipiell kann dies auch für alle anderen Größen unter Angabe des linearen Zusammenhangs angewandt werden. Aus Gründen der Übersichtlichkeit wurde dies aber für den Volumenstrom im Blockdiagramm durchgeführt. Um die Viskosität aus der gemessenen Temperatur zu ermitteln, muss bekannt sein, welches Fluid benutzt wird. In der Case-Anweisung sind für jedes Fluid die Koeffizienten für einen linearen Zusammenhang zwischen Viskosität und Temperatur gegeben. Mit Hilfe dieser Koeffizienten und der Temperatur des Mediums wird dann im Blockdiagramm die Viskosität errechnet. Damit das VI auch unabhängig vom Hauptprogramm zur schnellen Ermittlung einiger Größen genutzt werden kann, werden außerdem die Reynoldszahl (siehe Gleichung(3.10)) und die Nusseltsche Filmdicke (siehe [Nusselt, 1916]) gemäß:

$$\delta_{Nu} = \sqrt[3]{\frac{3\dot{V}\nu}{gB}} \tag{3.11}$$

ermittelt. Letztere Größe gibt eine analytische Approximation für den Zusammenhang zwischen Volumenstrom und Filmdicke an.

In der folgenden Sequenz wird das VI „Hochspannungsnetzteil“ aufgerufen. Hier werden analog zum zuletzt beschriebenen Fall die Spannung und der Strom am Hochspannungsnetzteil über das USB-Modul ausgelesen. Neu ist hier, dass auch eine analoge Spannung ausgegeben werden muss. Dies geschieht ebenfalls über einen DAQ-Assistenten, wobei dieser im Blockdiagramm einen Eingang an Stelle eines Ausgangs aufweist. In einer weiteren Sequenz, in der das VI „Kupferplatte“ aufgerufen wird, werden mit der gleichen Methode die Werte für Spannung und Strom am Netzteil zur Beheizung und die Temperaturen an der Kupferplatte ausgelesen. Die ausgelesenen Werte werden am Ende jeder Messung am Frontpanel angezeigt.

Kapitel 4.

Messungen und Ergebnisse

4.1. Bestimmung der Dichte des Arbeitsmediums

Für die Kalibrierung des Durchflussmessers ist der Wert für die exakte Dichte des Mediums bei Einsatztemperatur notwendig. Diese wurde im folgenden Experiment ermittelt. Das Prinzip ist in Abbildung 4.1 dargestellt. Ein Referenzgewicht wird auf eine Halterung gelegt. Die Halterung wird dabei an eine sehr präzise Waage montiert, die die Kraft F_H misst. Auf das Gewicht und die Halterung wirkt die Gewichtskraft F_G. Wird das Gewicht nun vollständig in das Fluid eingetaucht, so wirkt auf das Gewicht und einen Teil der Halterung die Auftriebskraft F_A. Diese beeinflusst die Kraft an der Halterung, die nun den Wert F_{H*} annimmt. Das Kräftegleichgewicht ergibt:

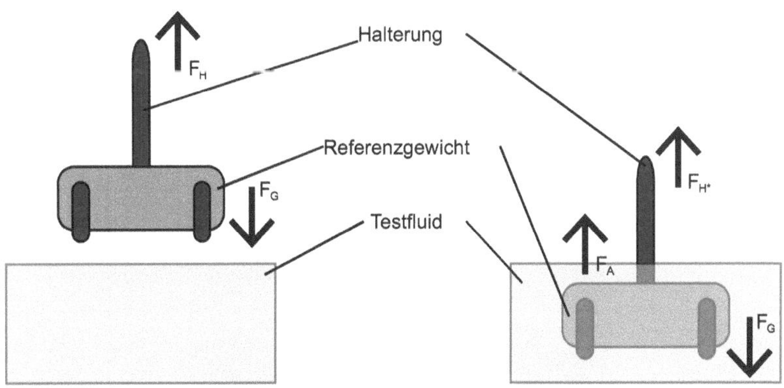

Abbildung 4.1.: Prinzip der Dichtebestimmung

$$F_A = F_H - F_{H*} \tag{4.1}$$

Für die Auftriebskraft gilt nach dem Satz von Archimedes:

$$F_A = V_K \rho_M g \tag{4.2}$$

Somit kann die Dichte des Fluides zu

$$\rho_M = \frac{F_H - F_{H*}}{V_K g} \tag{4.3}$$

bestimmt werden. Das Volumen vom Referenzgewicht und dem eingetauchtem Teil der Halterung muss dafür bekannt sein. Das Referenzgewicht ist voll eingetaucht und verdrängt somit sein volles Volumen. Die Halterung wird nur zum Teil eingetaucht. Die Eintauchtiefe muss also für das von der Halterung verdrängte Volumen bekannt sein.

Abbildung 4.2.: Tensiometer K100 von Krüss

Im Filmlabor des WSA kann die Dichtebestimmung mit dem Krüss Tensiometer K100 durchgeführt werden, welches in Abbildung 4.2 zu sehen ist. Dieses Gerät misst die Eintauchtiefe sowie die notwendigen Kräfte und berechnet somit die Dichte des Fluids. Zwei Messungen wurden bei verschiedenen Temperaturen durchgeführt. Durch lineare

Interpolation zwischen den Messergebnissen wurde die Dichte des Fluids bei 25 °C zu $\rho_M = 930,29 \frac{kg}{m^3}$ bestimmt.

4.2. Bestimmung der Viskosität des Arbeitsmediums

Die Bestimmung der Viskosität erfolgt mit einem Ubbelohde-Viskosimeter der Firma Schott. Dies ist in Abbildung 4.3 schematisch dargestellt. Das Viskosimeter besteht auf

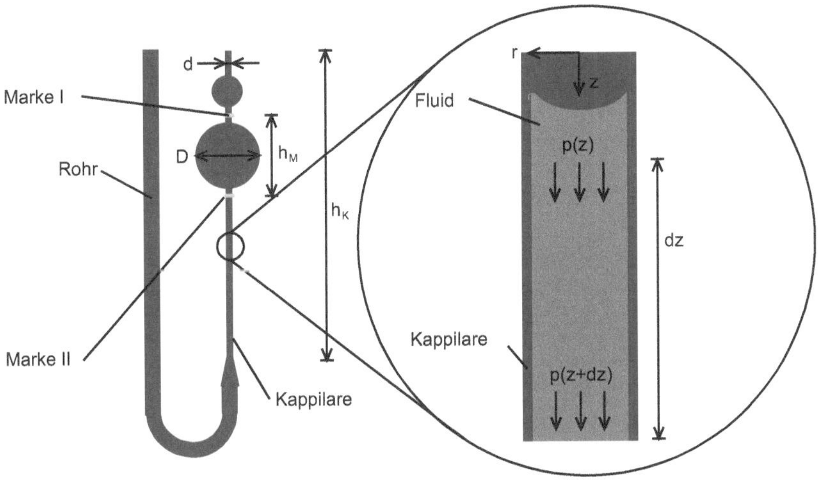

Abbildung 4.3.: Prinzip der Viskositätsmessung

der einen Seite aus einem Glasrohr, welches unten gebogen wurde und auf der anderen Seite mit einer Kapillare mit dem Durchmesser d verschweißt wurde. Im oberen Teil befindet sich eine große hohle Kugel mit dem Durchmesser D, unter und über der jeweils eine Markierung zu sehen ist. Über der großen Kugel befindet sich noch eine kleine Kugel. Um die Viskosität zu messen wird das Fluid zunächst durch das Rohr in das Viskosimeter gefüllt. Dieses sammelt sich dann im U-förmigen Teil des Viskosimeters. Anschließend wird eine Druckdifferenz zwischen Kapillare und Rohr angelegt (zum Beispiel durch einen Unterdruck am Ende der Kapillare), so dass das Fluid durch die Kapillare in die obere Kugel steigt. Die Kapillare ist nun vollständig gefüllt. Ein Rest von Fluid befindet sich auch noch im U-förmigen Teil des Viskosimeters. Nun wird die Druckdifferenz abgebaut und die Flüssigkeit sinkt in der Kapillare herab. Dabei bildet sich die durch den Kapillareffekt bekannte U-Form an der Oberfläche des herabsinkenden Fluids (siehe Abbildung 4.3 rechts). Nun wird die Zeit gestoppt, die das Fluid benötigt um sich von Marke I bis Marke II zu bewegen.

Wird ein infinitesimales Element Film der Länge dz betrachtet, so ergibt sich aus den Gesetzen der Hydromatik, dass die Druckänderung in z-Richtung gleich

$$\frac{\partial p}{\partial z} = \rho_M g \tag{4.4}$$

ist. Mit dem Gesetz von Hagen-Poiseuille ergibt sich:

$$\dot{V} = \frac{\partial p}{\partial z} \frac{\pi d^4}{128 \rho_M \nu} = \frac{g \pi d^4}{128 \nu} \tag{4.5}$$

Weiter kann der Volumenstrom bei einer ausgebildeten Strömung, bei der ein Gleichgewicht zwischen Reibungs- und Gewichtskräften herrscht und der Annahme, dass $D >> d$ und $h_K >> h_M$, als konstant angesehen und als

$$\dot{V} = \pi \frac{d^2}{4} u = \pi \frac{d^2}{4} \frac{l_K}{\Delta t} \tag{4.6}$$

geschrieben werden. Hierbei bezeichnet h_M den Abstand zwischen den beiden Marken I und II und Δt die Zeit, die das Fluid benötigt hat um sich von Marke I zu Marke II zu bewegen. h_K ist die Gesamtlänge der Kapillare. l_K ist die Länge, die die Strecke h_M hätte, wenn dieser Abschnitt mit der darin befindlichen Kugel bei gleichem Volumen den konstanten Durchmesser d hätte. Sie lässt sich mit Hilfe des Durchmessers D und der Strecke h_M berechnen. Die gesuchte Viskosität ergibt sich also zu:

$$\nu = \frac{d^2 g}{32 l_K} \Delta t = C \Delta t \tag{4.7}$$

Die Viskosität ist also der Zeit proportional, die das Fluid benötigt um den Weg zwischen beiden Marken zurückzulegen. Der Proportionalitätsfaktor C ist nur eine Funktion der Erdbeschleunigung und der Geometrie der Kapillare. Dieser Faktor ist vom Hersteller für jede Kapillare angegeben.

Um die Temperaturabhängigkeit der Viskosität herauszufinden mussten Messungen bei verschiedenen Temperaturen durchgeführt werden. Dazu wurde das Viskosimeter vollständig in Wasser eingetaucht, welches auf die gewünschte Temperatur gebracht wurde. Die Messung wurde durchgeführt, wenn die mit einem Thermometer gemessene Temperatur des Wassers sich innerhalb einer halben Stunde um weniger als 0,1 K veränderte. In [Lel, 2007] wurde gezeigt, dass die Viskosität im Bereich der Raumtemperatur (25 +- 5 °C) eine nahezu lineare Abhängigkeit von der Temperatur aufweist. Vier Messungen wurden im Temperaturbereich von 20 bis 30 °C durchgeführt. Der daraus abgeleitete Zusammenhang zwischen Temperatur und Viskosität lautet:

$$\frac{\nu(T)}{\frac{m^2}{s}} = -1,4065 \cdot 10^{-7} \frac{T}{°C} + 1,2414 \cdot 10^{-5} \tag{4.8}$$

4.3. Messung der Filmdicke ohne Beheizung

Um das Verhalten der isothermen Filmströmung unter dem Einfluss des elektrischen Feldes zu untersuchen wurden die ersten Messungen bei Raumtemperatur durchgeführt. Die Wellen wurden nach dem beschriebenen Verfahren mit dem Lautsprecher angeregt. Bei einer Frequenz von etwa 7 Hz bildete sich ein regelmäßiges dreidimensionales Wellenprofil (siehe Abbildung 4.4) aus. Dies ermöglichte, dass Wellenprofile bei unterschiedlichen

Abbildung 4.4.: Foto des sich ausbildenden dreidimensionalen Wellenprofils

angelegten Spannungen miteinander verglichen werden konnten. Die Messungen wurden an einer vertikalen Position 120 mm unterhalb der oberen Kante der Kupferplatte durchgeführt. Die horizontale Position wurde variiert. Der Abstand zwischen Kupferplatte und ITO-Schicht wurde auf 4,3 mm eingestellt.

In Abbildung 4.5 bis 4.8 wurden nun Filmdickenprofile mit und ohne angelegte Spannung jeweils im selben Graphen miteinander verglichen. Grundsätzlich lässt sich ein so erzeugtes Wellenprofil bei einem Rieselfilm in drei Bereiche einteilen. Dies sind die Bereiche der großen Welle, der residualen Schicht und der Kappilarwelle (siehe Abbildung 4.5, vergleiche [Al-Sibai, 2004]). Grundsätzlich wurde die jeweils erste Messung ohne

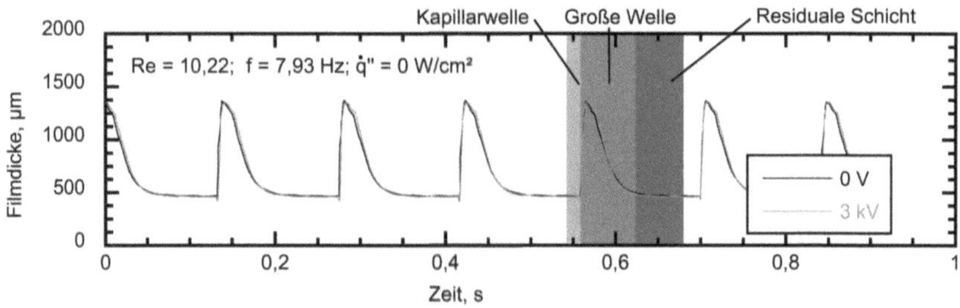

Abbildung 4.5.: Vergleich von Filmdickenprofilen bei 0V und 3 kV

elektrische Spannung durchgeführt. Dann wurde die Spannung langsam erhöht. In Abbildung 4.5 lässt sich erkennen, dass bis zu einer Spannung von 3 kV keine signifikanten Änderungen im Wellenprofil zu beobachten sind. Bei höheren Spannungen waren erste Veränderungen der Wellenstruktur erkennbar. Oberhalb von 5 kV eingestellter Spannung konnte beobachtet werden, dass Tropfen des Arbeitsmediums auf die ITO-Schicht spritzten. Bei einer Spannung von 6 kV trat ein Funkenüberschlag auf. Aus diesem Grund wurden die meisten Messungen bei einer Spannung von 5 kV durchgeführt.

In Abbildung 4.6 ist erkennbar, dass bei einer Spannung von 5 kV die Residuale Schicht des Films kleiner wird, während das Volumen der großen Welle zunimmt. Aufgrund der

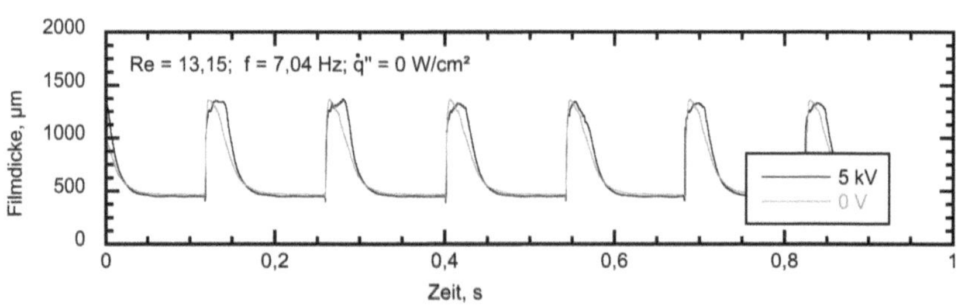

Abbildung 4.6.: Vergleich von Filmdickenprofilen bei 0V und 5 kV - horizontale Position 1

dreidimensionalen Struktur des Wellenprofils konnten lokal zwei interagierende Wellen beobachtet werden. Dieser Fall ist in Abbildung 4.7 gezeigt. Im Wellenprofil sind ohne angelegte Spannung zwei Maxima zu erkennen. Wird Spannung angelegt, so kann zunächst erneut beobachtet werden, dass die residuale Schichtdicke abnimmt. Statt der vorherigen beiden Maxima, die sich auf unterschiedlicher Höhe befanden, bilden sich nun drei Maxima auf der selben Höhe aus. Wie in Abbildung 4.6 befindet sich auch hier mehr Volumen in der großen Welle als dies ohne angelegte Spannung der Fall war.

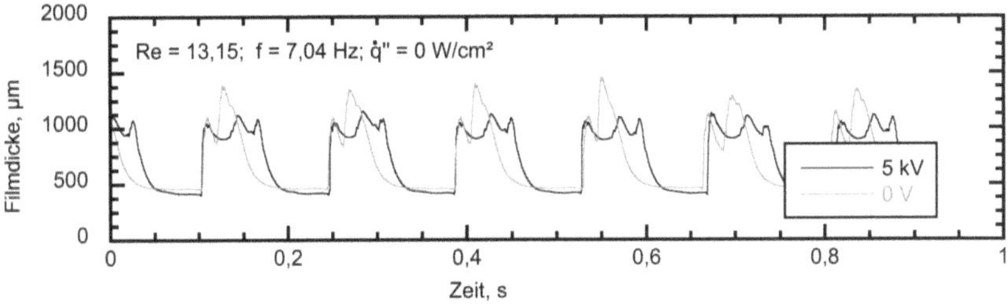

Abbildung 4.7.: Vergleich von Filmdickenprofilen bei 0V und 5 kV - horizontale Position 2

Ein anderes Phänomen konnte an einer weiteren horizontalen Position beobachtet werden. Dies ist in Abbildung 4.8 dargestellt. Ähnlich wie im zuvor beschriebenen Fall (Abbildung 4.7) liegen hier zwei interagierende Wellen vor, die sich durch zwei Maxima auf unterschiedlicher Höhe auszeichnen. Wird nun elektrische Spannung angelegt, so ist erkennbar, dass die Amplitude der Wellen einen höheren Wert erreicht und dabei dünner wird. Analog zu den bisherigen Messungen wird auch hier die residuale Schicht dünner, während sich mehr Volumen in der großen Welle befindet.

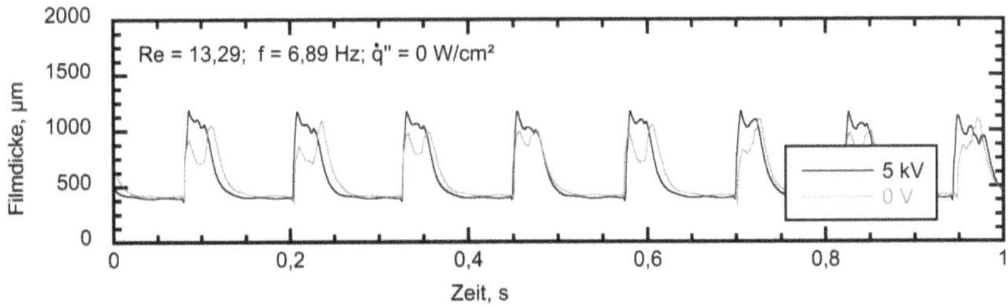

Abbildung 4.8.: Vergleich von Filmdickenprofilen bei 0V und 5 kV - horizontale Position 3

Die Beobachtungen lassen sich zum einen durch die in Kapitel 2 erläuterten Kräfte des elektrischen Feldes auf den Film erklären, die die Wellenberge in Richtung der ITO-Schicht ziehen. Zum anderen kann der dreidimensionale Effekt, dass Fluid senkrecht zur Hauptströmungsrichtung fließt, eine Erklärung für die veränderte Wellenstruktur sein. Letzteres würde allerdings ebenfalls von den elektrischen Kräften auf den Film verursacht.

4.4. Messung der Filmdicke mit Beheizung

Im Folgenden wurde der gemeinsame Einfluss von elektrischem Feld und Wärmeübertragung auf den Film untersucht. Grundsätzlich ändert sich durch den Wärmeübergang und die Temperaturdifferenz zwischen Kupferplatte und Film die Viskosität und die Oberflächenspannung des Fluids. Dies hat Einfluss auf die Fluiddynamik und verändert somit auch das Filmdickenprofil.

Zunächst wurde bei ausgeschalteter Beheizung eine Referenzmessung an einer Position des Sensors durchgeführt. Für die Messung mit Wärmeübertragung wurde die Beheizung der Kupferplatte eingeschaltet und ein konstanter Wärmestrom eingestellt. Der Film änderte somit seine Temperatur während er über die Kupferplatte strömte, da Wärme übertragen wurde. Anschließend wurde der Film im Becken mit Hilfe eines Kühlers wieder auf die Eintrittstemperatur herunter gekühlt, damit diese den gleichen Wert wie im unbeheizten Fall annahm. Als sich zeitlich konstante Werte für die mittlere Temperatur des Kupferblocks und die Eintrittstemperatur des Films einstellten, wurde die Messung mit Beheizung gestartet. Der Wärmestrom wurde dabei auf 0,98 $\frac{W}{cm^2}$ eingestellt. Diese beiden Experimente wurden ausgewertet und in Abbildung 4.9 einander gegenübergestellt. Hier ist deutlich zu erkennen, dass die Filmdicke sich durch die

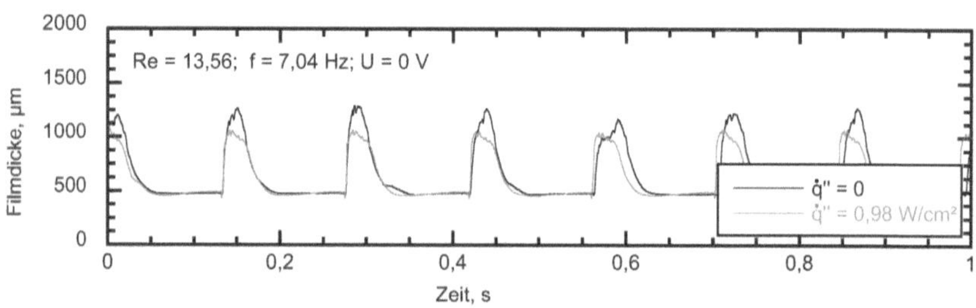

Abbildung 4.9.: Vergleich eines beheizten mit einem nicht beheizten Wellenprofil

Beheizung reduziert.

Im Folgenden wurde nun im beheizten Betrieb eine Spannung angelegt. Der Vergleich zum Fall ohne Spannung ist in Abbildung 4.10 zu sehen. Hier ist zu erkennen, dass die

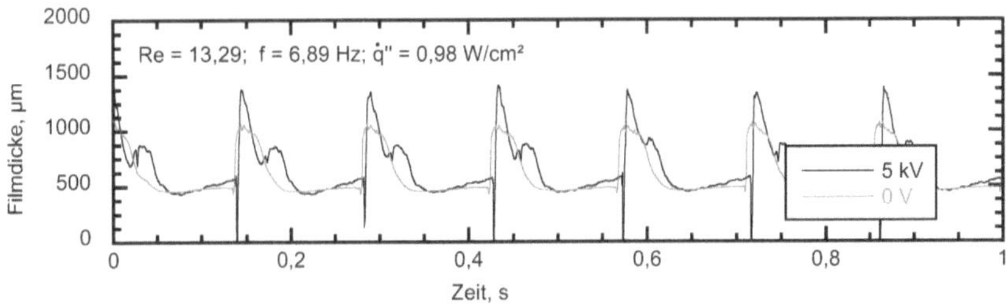

Abbildung 4.10.: Vergleich von beheizten Filmdickenprofilen bei 0V und 5 kV

zuvor beobachteten physikalischen Effekte (mehr Volumen in großer Welle und dünnere residuale Schicht) auch hier auftreten. Allerdings kann auch beobachtet werden, dass die residuale Schicht kurz vor der großen Welle wieder wächst. Außerdem sind statt einem Maximum nun zwei Maxima mit unterschiedlicher Höhe zu beobachten. Die große Welle verbreitert sich im Vergleich zum Fall ohne angelegte Spannung. Des weiteren wird vor der großen Welle eine Filmdicke von Null gemessen. Dies ist ein Indiz für eine lokale trockene Stelle (dry spot) unmittelbar vor der großen Welle.

Kapitel 5.

Zusammenfassung und Ausblick

In der vorliegenden Arbeit wurde der Umbau einer Versuchsanlage mit dem Ziel der Filmdickenmessung unter dem Einfluss eines elektrischen Feldes beschrieben. Die Filmdickenmessung sollte dabei mit der CCI-Technik erfolgen. Die zu ergreifenden Maßnahmen unterteilten sich in Konstruktion bzw. Beschaffung neuer Komponenten, Kalibrierung, Messung von Fluideigenschaften wie Dichte und Viskosität und Programmierung der notwendigen Software zur Datenerfassung und -bearbeitung. Außerdem wurde ein kurzer Überblick über die Theorie der wirkenden Kräfte auf einen Körper im elektrischen Feld gegeben.

Nach Fertigstellung der Anlage wurden erste Messungen durchgeführt. Dazu wurde der Rieselfilm mit Hilfe eines Lautsprechers angeregt, damit die Vergleichbarkeit der Ergebnisse gewährleistet war. In der ersten Messreihe wurde ohne Beheizung gemessen. Dann wurde dem Film ein konstanter Wärmestrom über eine Wand zugeführt. Bei einer Spannung oberhalb von 3 kV konnten Veränderungen des Filmdickenprofils festgestellt werden. Oberhalb von 5kV war eine Messung unmöglich, da Fluid auf die Glasplatte spritzte und bei Spannungen bis 6kV sogar ein Funkenüberschlag auftrat. Man konnte beobachten, dass sich die residuale Filmdicke in jedem Fall verringerte, während mehr Volumen des Fluids in den Wellenbergen zu finden war. Diese Beobachtungen decken sich mit den Erkenntnissen aus [Darabi u. a., 2000]. Für den Fall eines beheizten Films wurden lokal trockene Stellen in der Filmströmung beobachtet.

Weiter konnte beobachtet werden, dass die Wellenprofile ihre Form auf komplexe Weise veränderten, sobald eine hohe Spannung angelegt wurde. Da das Ziel dieser Arbeit die Erarbeitung erster Ergebnisse beinhaltet, wird bei der quantitativen Erklärung dieser Phänomene auf spätere Arbeiten in diesem Bereich verwiesen. Diese werden die Durchführung systematischer Messungen und den Vergleich dieser mit analytischen und numerischen Ergebnissen beinhalten.

In dieser Arbeit konnte bestätigt werden, dass das elektrische Feld eine Verringerung der Filmdicke bewirkt. Dies kann für eine bessere Wärmeübertragung sorgen und daher Bedeutung für die Konstruktion von neuen Rieselfilm-Wärmeübertragern haben.

Anhang A.

Kräfte durch das elektrische Feld

Im Folgenden soll noch einmal die Herleitung der Kräfte auf einen Körper im elektrischen Feld ausführlich dargestellt werden. Grundlage dafür ist das Werk [Tamm, 1989].

Um die einwirkenden Kräfte herzuleiten, werden verschiedene Ausdrücke für die im elektrischen Feld gespeicherte Energie W hergeleitet. Diese ist nach Definition gleich der negativen Arbeit, die verrichtet werden müsste um das Feld abzubauen. Insbesondere bedeutet dies, dass die infinitesimale Änderung der Energie im Feld δW gleich der negativen Arbeit A ist, die für diese Änderung geleistet werden muss. Daher gilt:

$$Ar = -\delta W \tag{A.1}$$

Da die Änderung der Energie δW auch durch die Integration der Verschiebung aller Volumenkräfte $\vec{f}\delta V$ entlang der jeweiligen Verschiebungen $\vec{r}$ ausgedrückt werden kann, gilt außerdem:

$$Ar = \int \vec{r}\vec{f}\delta V \tag{A.2}$$

Im Folgenden wird angenommen, dass alle Ladungen im elektrischen Feld nur als Volumenladungen ρ_c und nicht als Oberflächenladungen σ_c existieren. Weiterhin werden die Dielektrizitätszahl (auch als Permittivität bezeichnet) ε_0 im Vakuum und die relative Permittivität ε_r eingeführt, für die gilt:

$$\varepsilon_r = \frac{\varepsilon}{\varepsilon_0} \tag{A.3}$$

Die Größe ε_r eines Materials ist immer größer als 1 und bezeichnet die Durchlässigkeit eines Mediums für elektrische Felder im Vergleich zu Vakuum. Für das im Versuch verwendete Silikonöl hat sie etwa den Wert 3.

Wird das gesamte elektrische Feld betrachtet, so treten dort keine Größen ein und aus. Daraus lässt sich schlussfolgern, dass alle Oberflächenintegrale der folgenden Form verschwinden:

$$\oint \vec{a}\cdot\vec{n}\delta S = 0 \tag{A.4}$$

Dabei bezeichnet ist $\vec{a}$ eine beliebige vektorielle Größe, während $\vec{n}$ der Normalenvektor auf das Oberflächenelement δS ist. Nach dem Gaußschen Theorem lässt sich dieses Oberflächenintegral als ein Volumenintegral schreiben, woraus folgt:

$$\oint \vec{a} \cdot \vec{n} \delta S = \int div(\vec{a}) \delta V = 0 \tag{A.5}$$

Im Folgenden werden zwei Punktladungen im Vakuum mit dem Abstand R_{12} betrachtet (siehe Abbildung A.1). Die Punktladungen haben jeweils die Ladung q_1 bzw. q_2 für die

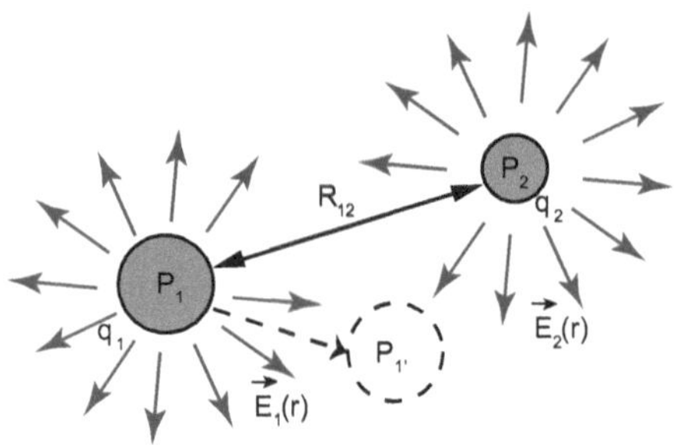

Abbildung A.1.: Elektrisches Feld zweier Punktladungen

jeweilige Feldstärke gilt abhängig vom Abstand r:

$$E_i(r) = \frac{1}{4\pi\varepsilon_0} \frac{q_i}{r^2} \tag{A.6}$$

Der Index i steht dabei für die Punktladung 1 bzw. 2. Aufgrund des Zusammenhangs zwischen Feldstärke und Potential gilt für das Potential der Punktladung 1 gegenüber der Ladung 2:

$$\phi_1 = -\int E_1(r) \delta r = \frac{1}{4\pi\varepsilon_0} \frac{q}{R_{12}} \tag{A.7}$$

Bewegt sich nun die Punktladung 1 vom Punkt P_1 zum Punkt $P_{1'}$, so ändert sich das Potential der Ladung auf den Wert $\phi_1 + \delta\phi_1$. Die Arbeit, die dabei verrichtet werden muss ist gleich der negativen Änderung der Energie, also:

$$Ar = -\delta W = -q_1 \delta \phi_1 \tag{A.8}$$

Wird diese Gleichung mit der Randbedingung $\phi(0) = 0$ integriert, so folgt:

$$W = q_1 \phi_1 = \frac{1}{4\pi\varepsilon_0} \frac{q_1 q_2}{R_{12}} \tag{A.9}$$

Sind die Ladungen q_1 und q_2 entgegengesetzt geladen, so würden diese sich anziehen. Die Energie des Feldes würde demnach gemäß Gleichung (A.9) negativ.

Die Überlegungen gelten analog für die Punktladung q_2. Somit kann auch geschrieben werden:

$$W = q_2\phi_2 = \frac{1}{4\pi\varepsilon_0}\frac{q_2 q_1}{R_{12}} \tag{A.10}$$

Dies kann auf eine symmetrische Form gebracht werden:

$$W = \frac{1}{2}(q_1\phi_1 + q_2\phi_2) \tag{A.11}$$

Wird nun dazu übergegangen n Punktladungen zu betrachten, so kann das Potential einer Punktladung im elektrischen Feld als die Summe aller Potentiale gegenüber den anderen n-1 Punktladungen geschrieben werden:

$$\phi_k = \sum_{i=1}^{n} \phi_{k,i} \quad (i \neq k) \tag{A.12}$$

Analog zu Gleichung (A.11) kann die Energie des Gesamtsystems nun geschrieben werden als:

$$W = \frac{1}{2}\sum_{k=1}^{n} q_k\phi_k \tag{A.13}$$

Gemäß Gleichung (A.9) kann das Potential der Ladung k auch als

$$\phi_k = \frac{1}{4\pi\varepsilon_0}\sum_{i=1}^{n}\frac{q_i}{R_{k,i}} \quad (i \neq k) \tag{A.14}$$

geschrieben werden. Der Ausdruck für die Gesamtenergie wird zu:

$$W = \frac{1}{2}\frac{1}{4\pi\varepsilon_0}\sum_{i=1}^{n}\sum_{k=1}^{n}\frac{q_i q_k}{R_{i,k}} \quad (i \neq k) \tag{A.15}$$

Das $\frac{1}{2}$ in Gleichung (A.15) kann dadurch erklärt werden, dass bei der Summierung des Potentials jede Paarung von Punktladungen zweimal auftritt.

Beim Übergang nun von einzelnen Punktladungen auf ein Kontinuum müssen die bereits definierten Volumen- und Flächenladungsdichten ρ_c und σ_c statt der Punktladungen q_i verwendet werden. Aus der Summierung in Gleichung (A.15) wird somit eine Integration über Volumen und Oberfläche:

$$W = \frac{1}{2}\int \rho_c\phi\delta V + \frac{1}{2}\oint \sigma_c\phi\delta S \tag{A.16}$$

In dieser Gleichung ist ϕ eine Funktion der Position im Volumen bzw. auf der Oberfläche. Nun wird das folgende Gaußsche Theorem benutzt:

$$\rho_c = div(\vec{D}) \tag{A.17}$$

Hierbei ist $\vec{D}$ der elektrische Fluss. Für den ersten Term von Gleichung (A.16) gilt somit:

$$\begin{aligned} \frac{1}{2}\int \rho_c\phi\delta V &= \frac{1}{2}\int div(\vec{D})\phi\delta V = \frac{1}{2}\int div(\vec{D}\phi)\delta V - \frac{1}{2}\int \vec{D}grad(\phi)\delta V \\ &= \frac{1}{2}\int div(\vec{D}\phi)\delta V + \frac{1}{2}\int \vec{D}\vec{E}\delta V = \frac{1}{2}\oint \vec{D}\cdot\vec{n}\phi\delta S + \frac{1}{2}\int \vec{D}\vec{E}\delta V \end{aligned} \tag{A.18}$$

Von der zweiten auf die dritte Umformung wurde die Regel der partiellen Integration verwendet. Danach wurde wieder der Zusammenhang zwischen Potential und Feldstärke verwendet. Das Oberflächenintegral $\oint \vec{D}\cdot\vec{n}\phi\delta S$ wird gemäß Gleichung (A.4) auf die Terme der Oberflächenladungen reduziert:

$$\frac{1}{2}\oint \vec{D}\cdot\vec{n}\phi\delta S = -\frac{1}{2}\oint \sigma_c\phi\delta S \tag{A.19}$$

Wird (A.19) in (A.18) eingesetzt, so ergibt sich:

$$\frac{1}{2}\oint \vec{D}\cdot\vec{n}\phi\delta S + \frac{1}{2}\int \vec{D}\vec{E}\delta V = -\frac{1}{2}\oint \sigma_c\phi\delta S + \frac{1}{2}\int \vec{D}\vec{E}\delta V \tag{A.20}$$

Nun folgt aus (A.20) in (A.16) eingesetzt:

$$\begin{aligned} W &= \frac{1}{2}\int \rho_c\phi\delta V + \frac{1}{2}\oint \sigma_c\phi\delta S = -\frac{1}{2}\oint \sigma_c\phi\delta S + \frac{1}{2}\int \vec{D}\vec{E}\delta V + \frac{1}{2}\oint \sigma_c\phi\delta S \\ &= \frac{1}{2}\int \vec{D}\vec{E}\delta V = \frac{1}{2}\int \varepsilon_0\varepsilon_r\vec{E}\vec{E}\delta V = \frac{1}{2}\int \varepsilon_0\varepsilon_r(grad(\phi))^2\delta V \end{aligned} \tag{A.21}$$

Für den Fall, dass keine Oberflächenladungen vorliegen, ergibt sich also einerseits:

$$W_1 = \frac{1}{2}\int \rho_c\phi\delta V \tag{A.22}$$

und andererseits gemäß Gleichung (A.21):

$$W_2 = \frac{1}{2}\int \varepsilon_0\varepsilon_r(grad(\phi))^2\delta V \tag{A.23}$$

mit $W_1 = W_2$. Werden nun infinitesimale Änderungen der Energie durch die Verschiebung $\vec{r}$ betrachtet, so ergibt sich aus Gleichung (A.22) mit Hilfe der partiellen Ableitungen:

$$\delta W_1 = \frac{1}{2}\int \delta\rho_c\phi\delta V + \frac{1}{2}\int \rho_c\delta\phi\delta V \tag{A.24}$$

und aus Gleichung (A.23):

$$\delta W_2 = \frac{1}{2}\int \varepsilon_0 \delta\varepsilon_r (grad(\phi))^2 \delta V + \int \varepsilon_0 \varepsilon_r grad(\phi)\delta(grad(\phi))\delta V \tag{A.25}$$

Die Variationen $\delta\rho_c$, $\delta\phi$, $\delta\varepsilon_r$ und $\delta grad(\phi)$ entsprechen den Änderungen der entsprechenden Größen durch die Verschiebung $\vec{r}$. Da die Operatoren von Variation und Differentiation vertauschbar sind, kann geschrieben werden:

$$\delta grad(\phi) = grad(\delta\phi) \tag{A.26}$$

und außerdem:

$$\varepsilon_0\varepsilon_r grad(\phi) = -\varepsilon_0\varepsilon_r \vec{E} = -\vec{D} \tag{A.27}$$

Das letzte Integral in Gleichung (A.25) kann demnach wie folgt dargestellt werden:

$$\begin{aligned}\int \varepsilon_0\varepsilon_r grad(\phi)\delta(grad(\phi))\delta V &= \int -\vec{D} grad(\delta\phi)\delta V \\ &= -\int div(\vec{D}\delta\phi)\delta V + \int \delta\phi div(\vec{D})\delta V\end{aligned} \tag{A.28}$$

Aufgrund des Gaußschen Theorems (Gleichung (A.5)) entfällt der vorletzte Term auf der rechten Seite von Gleichung (A.28). Gleichung (A.25) geht somit in folgende Form über:

$$\begin{aligned}\delta W_2 &= \frac{1}{2}\int \varepsilon_0\delta\varepsilon_r (grad(\phi))^2\delta V + \int div(\vec{D})\delta\phi\delta V \\ &= \frac{1}{2}\int \varepsilon_0\delta\varepsilon_r E^2\delta V + \int \rho_c\delta\phi\delta V\end{aligned} \tag{A.29}$$

Aus $\delta W_1 = \delta W_2$ folgt:

$$\begin{aligned}\delta W &= 2\delta W_1 - \delta W_2 \\ &= \int \delta\rho_c\phi\delta V + \int \rho_c\delta\phi\delta V - \frac{1}{2}\int \varepsilon_0\delta\varepsilon_r E^2\delta V - \int \rho_c\delta\phi\delta V \\ &= \int \rho_c\delta\phi\delta V - \frac{1}{2}\delta\varepsilon_0\varepsilon_r E^2\delta V\end{aligned} \tag{A.30}$$

Die Änderung der Energie im elektrischen Feld ist somit eine Funktion der Ladungsdichte sowie der Änderung der Permittivität durch die Verschiebung $\vec{r}$.

Bei der Variation der Größen ρ_c und ε_r muss zwischen sogenannten lokalen Änderungen $\delta\rho_c$ und $\delta\varepsilon_r$ und materiellen Änderungen $\delta'\rho_c$ und $\delta'\varepsilon_r$ unterschieden werden. Der Unterschied ist in Abbildung A.2 skizziert. Eine lokale Änderung ist die Änderung, die eine Größe in einem fest stehenden Punkt erfährt wenn der Körper sich im Raum um $\vec{r}$ verschiebt. Die materielle Änderung einer Größe dagegen ist die Änderung, die ein

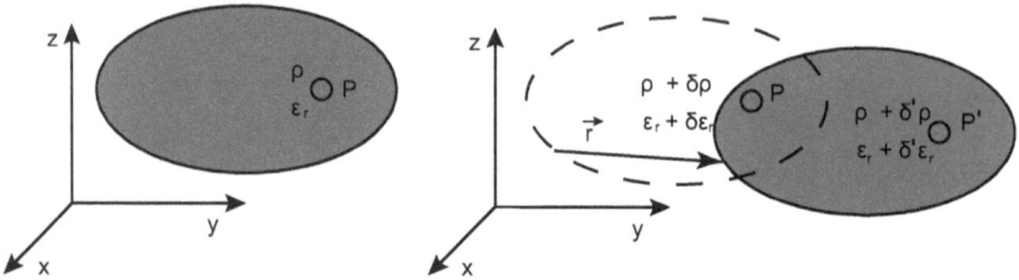

Abbildung A.2.: lokale und Materielle Änderungen der Größen ρ_c und ε_r

Punkt innerhalb des bewegten Mediums durch die Bewegung erfährt. Wird der rechte Teil von Abbildung A.2 betrachtet, so ist ersichtlich, dass die Größe ρ_c im Punkt P und P' sich gemäß der Definition des räumlichen Gradienten durch den Term $\vec{r}grad(\rho_c)$ unterscheiden. Somit lässt sich schreiben:

$$\rho_c + \delta\rho_c + \vec{r}grad(\rho_c) = \rho_c + \delta'\rho_c \tag{A.31}$$

Für die Größe $\delta\rho_c$ folgt somit:

$$\delta\rho_c = \delta'\rho_c - \vec{r}grad(\rho_c) \tag{A.32}$$

Ein Volumenelement V enthält gemäß der Definition der Ladungsdichte ρ_c die Ladung $\rho_c V$. Diese Ladung des Volumenelementes bleibt auch bei einer Stauchung oder Dehnung des Volumens konstant, da keine Ladung erzeugt oder vernichtet werden kann. Daraus folgt:

$$\rho_c V = (\rho_c + \delta'\rho_c)(V + \delta'V) \tag{A.33}$$

Bei Vernachlässigung der Produkte zweier infinitesimaler Terme ergibt sich:

$$\delta'\rho_c = -\rho_c \frac{\delta'V}{V} \tag{A.34}$$

Die Änderung des Volumens $\delta'V$ kann mit Hilfe der folgenden Überlegung in Abbildung A.3 bestimmt werden. Verschiebt sich das Oberflächenelement des Volumens V um $\vec{r}$, so steigt das Volumen um den Betrag $\delta'V$. Hat die Oberfläche den Normalenvektor $\vec{n}$, so lässt sich die Volumenänderung zu $\delta'V = \vec{r} \cdot \vec{n}\delta S$ bestimmen. In der Abbildung wurde nur ein Oberflächenelement δS betrachtet. Das Skalarprodukt der Vektoren $\vec{r}$ und $\vec{n}$ bewirkt, dass je nach Richtung der Verschiebung die Volumenänderung auch negativ werden kann. Wird nun über das gesamte Volumen integriert, so lässt sich die Änderung des Volumens schreiben als:

$$\delta'V = \oint \vec{r} \cdot \vec{n}\delta S \tag{A.35}$$

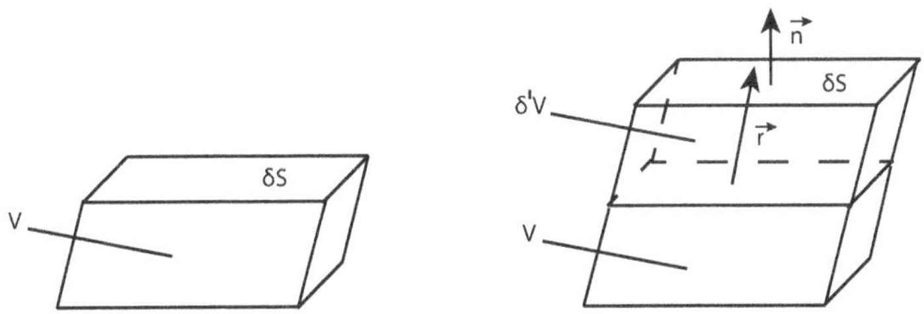

Abbildung A.3.: Änderung des Volumens bei Verschiebung

Wird nun die Definition der Divergenz benutzt, so kann die relative Änderung des Volumens geschrieben werden als:

$$\frac{\delta' V}{V} = \frac{1}{V} \oint \vec{r} \cdot \vec{n} \delta S = div(\vec{r}) \tag{A.36}$$

Die materielle Änderung von ρ_c ist mit Gleichung (A.36) in Gleichung (A.34) eingesetzt:

$$\delta' \rho_c = -\rho_c \frac{\delta' V}{V} = -\rho_c div(\vec{r}) \tag{A.37}$$

Analoge Überlegungen können auch für die Dichte des Medium ρ_M angestellt werden:

$$\delta' \rho_M = -\rho_M div(\vec{r}) \tag{A.38}$$

Wird der Ausdruck für $\delta' \rho_c$ aus Gleichung (A.37) nun in Gleichung (A.32) eingesetzt, so folgt:

$$\delta \rho_c = -\rho_c div(\vec{r}) - \vec{r} grad(\rho_c) = -div(\rho_c \vec{r}) \tag{A.39}$$

Auch die lokale Änderung $\delta \varepsilon_r$ lässt sich mit Hilfe der materiellen Änderung darstellen (vergleiche Abbildung A.2):

$$\delta \varepsilon_r = \delta' \varepsilon_r - \vec{r} grad(\varepsilon_r) \tag{A.40}$$

Die relative Permittivität ε_r ist wiederum eine Funktion der Dichte des Mediums. Daher hängt eine materielle Änderung der Permittivität wie folgt mit der materiellen Änderung der Dichte des Mediums zusammen:

$$\delta' \varepsilon_r = \frac{\partial \varepsilon_r}{\partial \rho_M} \delta' \rho_M = -\frac{\partial \varepsilon_r}{\partial \rho_M} \rho_M div(\vec{r}) \tag{A.41}$$

Für die lokale Änderung der Permittivität ergibt sich daher:

$$\delta\varepsilon_r = -\frac{\partial\varepsilon_r}{\partial\rho_M}\rho_M div(\vec{r}) - \vec{r} grad(\varepsilon_r) \tag{A.42}$$

Werden die in Gleichung (A.39) und (A.42) hergeleiteten Ausdrücke für die lokalen Änderungen nun in den Ausdruck für die Änderung der Energie in Gleichung (A.30) eingesetzt, so folgt:

$$\begin{aligned} \delta W &= \int \delta\rho_c \phi \delta V - \frac{1}{2}\varepsilon_0 \delta\varepsilon_r E^2 \delta V \\ &= -\int div(\rho_c \vec{r})\phi\delta V + \frac{1}{2}\int \varepsilon_0 \frac{\partial\varepsilon_r}{\partial\rho_M}\rho_M div(\vec{r}) E^2 \delta V + \frac{1}{2}\int \varepsilon_0 \vec{r} grad(\varepsilon_r) E^2 \delta V \end{aligned} \tag{A.43}$$

Das erste Integral auf der rechten Seite von Gleichung (A.43) lässt sich schreiben als:

$$\begin{aligned} \int div(\rho_c\vec{r})\phi\delta V &= \int div(\phi\rho_c\vec{r})\delta V - \int \rho_c\vec{r} grad(\phi)\delta V \\ &= -\int \rho_c \vec{r} grad(\phi)\delta V = \int \rho\vec{r}\vec{E}\delta V \end{aligned} \tag{A.44}$$

Für das zweite Integral auf der rechten Seite von Gleichung (A.43) lässt sich unter Anwendung des Gaußschen Theorems schreiben:

$$\begin{aligned} \int \varepsilon_0 \frac{\partial\varepsilon_r}{\partial\rho_M}\rho_M div(\vec{r}) E^2 \delta V &= \int div(\varepsilon_0 \frac{\partial\varepsilon_r}{\partial\rho_M}\rho_M E^2 \vec{r})\delta V - \int \vec{r} grad(\varepsilon_0 \frac{\partial\varepsilon_r}{\partial\rho_M}\rho_M E^2)\delta V \\ &= -\int \vec{r} grad(\varepsilon_0 \frac{\partial\varepsilon_r}{\partial\rho_M}\rho_M E^2)\delta V \end{aligned} \tag{A.45}$$

Wird Gleichung (A.44) und Gleichung (A.45) in Gleichung (A.43) eingesetzt, so folgt:

$$\delta W = -\int \rho_c\vec{r}\vec{E}\delta V - \frac{1}{2}\int \vec{r} grad(\varepsilon_0 \frac{\partial\varepsilon_r}{\partial\rho_M}\rho_M E^2)\delta V + \frac{1}{2}\int \varepsilon_0 \vec{r} grad(\varepsilon_r) E^2 \delta V \tag{A.46}$$

Für beliebige $\vec{r}$ muss dieser Ausdruck Gleichung (A.2) entsprechen. Somit folgt:

$$\vec{f} = \rho_c\vec{E} + \frac{1}{2} grad(\varepsilon_0 \frac{\partial\varepsilon_r}{\partial\rho_M}\rho_M E^2) - \frac{1}{2}\varepsilon_0 grad(\varepsilon_r) E^2 \tag{A.47}$$

Dabei teilt sich die Kraft $\vec{f}$ in zwei Komponenten auf. Der erste Term auf der rechten Seite von Gleichung (A.47) stellt die Kraft dar, die auf freie elektrische Ladungen im Medium wirken. Die restlichen beiden Terme stehen für den Kraftanteil, der durch eine Änderung der Permittivität hervorgerufen werden.

Literaturverzeichnis

[Al-Sibai 2004] AL-SIBAI, F.: *Experimentelle Untersuchung der Strömungscharakteristik und des Wärmeübergangs bei welligen Rieselfilmen*, RWTH Aachen, Dissertation, 2004

[Bang u. a. 2008] BANG, I. ; BUONGIORNO, J. ; HU, L. ; WANG, H.: Measurement of Key Pool Boiling Parameters in Nanofluids for Nuclear Applications. In: *Journal of Power and Energy Systems* 2 (2008), Nr. 1, S. 340–351

[Cohen-Sabban u. a. 2001] COHEN-SABBAN, J. ; CREPIN, P. ; GAILLARD-GROLEAS, J.: Quasi Confocal Extended Field Surface Sensing, Processing of Optical Metrology for the Semicon, Optical and Data Storage Industries. In: *SPIEs 46th Annual Meeting, San Diego, CA, USA.*, 2001

[Darabi u. a. 2000] DARABI, J. ; OHADI, M. ; DESIATOUN, S.: Falling Film and Spray Evaporation Enhancement Using an Applied Electric Field. In: *Journal of Heat Transfer* 122 (2000), S. 741–748

[Dietze u. a. 2009] DIETZE, G. ; AL-SIBAI, F. ; KNEER, R.: Experimental Study of Flow Separation in Laminar Falling Liquid Films. In: *Journal of Fluid Mechanics* 637 (2009), S. 73–104

[Gagarin 1985] GAGARIN, A.: Effect of a constant electric field on the film flow of a liquid dielectric. In: *Inzhenerno-Fizicheskii Zhurnal* 48 (1985), Nr. 3, S. 437–442

[Harris 1999] HARRIS, D.: *Material for Infrared Windows and Domes: Properties and Performance*. International Society for Optical Engineering, Bellingham, Washington, 1999

[Helbig 2007] HELBIG, K.: *Messung zur Hydrodynamik und zum Wärmetransport bei der Filmverdampfung*, TU Darmstadt, Dissertation, 2007

[Lel 2007] LEL, V.: *Hydrodynamik und Wärmeübertragung laminar-welliger Rieselfilme*, RWTH Aachen, Dissertation, 2007

[Lel u. a. 2005] LEL, V. ; AL-SIBAI, F. ; LEEFKEN, A. ; RENZ, U.: Local Thickness and Wave Velocity Measurement of Wavy Falling Liquid Films with Chromatic Confocal Imaging Method and a Fluorescence Intensity Technique. In: *Experiments in Fluids* 39 (2005), S. 856–864

[Locke u. a. 1986] LOCKE, J. ; UNDERHILL, M. ; RUSSELL, P.: The Evidential Value of Dispersion in the Examination of Glass. In: *Forensic Science International* 32 (1986), S. 219–227

[Meyer-Ebrecht 2005] MEYER-EBRECHT, D.: *Grundzüge der Elektrotechnik*. Lehrstuhl für Elektromagnetische Energiewandlung und Institut für Elektrische Maschinen, 2005

[Nusselt 1916] NUSSELT, W.: Die Oberflächenkondensation des Wasserdampfes. In: *VDI-Zeitschrift* 60 (1916), S. 541–546

[Panofsky und Phillips 1962] PANOFSKY, W. ; PHILLIPS, M.: *Classical Electricity and Magnetism*. Addison-Wesley, 1962

[Schilder u. a. 2010] SCHILDER, B. ; MAN, S. ; KASAGI, N. ; HARDT, S. ; STEPHAN, P.: Flow Visualization and Local Measurement of Forced Convection Heat Transfer in a Microtube. In: *Journal of Heat Transfer* 132 (2010), Nr. 5, S. 1–9

[Tamm 1989] TAMM, I.: *Fundamentals of electricity (in Russisch)*. Nauka, Moskau, 1989

[Tsvelodub und Samantov 2010] TSVELODUB, O. ; SAMANTOV, S.: Effect of the Electric Field on the Wave Flow Regimes of a Thin Film of a Viscous Dielectric Fluid. In: *Journal of Engineering Physics and Thermophysics* 51 (2010), Nr. 3, S. 73–83

[Zhou u. a. 2009] ZHOU, D. ; GAMBARYAN-ROISMAN, T. ; STEPHAN, P.: Measurement of Water Falling Film Thickness to Flat Plate Using Confocal Chromatic Sensoring Technique. In: *Journal of Experimental Thermal and Fluid Science* 33 (2009), Nr. 2, S. 273–283